科学地震逃生

姚攀峰 著

中国建筑工业出版社

图书在版编目（CIP）数据

科学地震逃生／姚攀峰著.—北京：中国建筑工业出版社，2012.7

ISBN 978-7-112-14346-7

Ⅰ.①科… Ⅱ.①姚… Ⅲ.①地震灾害－自救互救－基本知识 Ⅳ.①P315.9

中国版本图书馆CIP数据核字（2012）第105243号

地震是人类必须面对的重大自然灾害，1900年以来，我国共发生6级以上地震约800多次，每年约8次。我国因地震造成死亡的人数，占国内所有自然灾害包括洪水、山林火灾等总人数的54%。地震逃生是减少人员伤亡的重要措施，在相同环境下人员逃生的方式决定了最终伤亡情况，不同的逃生方法死亡率差异可高达30%。2008年汶川地震之后，我国关于地震逃生的建议层出不穷，其中部分观点是错误的，有可能给地震中的民众带来生命之灾。

地震逃生有广义和狭义之分，广义的地震逃生指逃生个体为应对地震，采取自救的各种措施和行为，包括逃离、掩埋自救等；狭义的地震逃生指地震发生后，人员逃离到目标安全区的过程。本书主要探讨狭义的地震逃生。

迄今为止，国内尚未对地震逃生进行系统研究。本书在地震逃生实例、模拟实验和理论研究基础上，系统阐述了地震逃生原理，首次深入探讨了针对地震的综合逃生法及其四要素，针对不同情境给出了具体的地震逃生建议，并纠正了部分常见错误。

本书可作为主管部门制定地震逃生政策的技术资料，可作为科研单位、大专院校和培训机构讲述地震逃生知识的教材。

* * *

责任编辑：于莉 姚荣华/责任设计：叶延春/责任校对：肖剑 刘钰

科学地震逃生

姚攀峰 著

*

中国建筑工业出版社出版、发行（北京西郊百万庄）

各地新华书店、建筑书店经销

北京京点设计公司制版

北京世知印务有限公司印刷

*

开本：880×1230毫米 1/32 印张：9 字数：260千字

2012年9月第一版 2012年9月第一次印刷

定价：28.00元

ISBN 978-7-112-14346-7

(22427)

序言一

地震是人类最大杀手，而我国则是世界上地震灾害最严重的国家之一。20世纪全球7级以上的地震，约有1/3发生在我国，新中国成立以来，地震造成的死亡人数多达30多万人，重伤的50多万人，经济损失巨大。

地震难以预测，是属于突发性的。我国政府在防御地震，特别是对减少人员的伤亡非常重视，做了大量工作，如规定建筑物的建造应具有一定的抗震能力、各地制定抢险应急方案等，但这毕竟是宏观上的措施。地震发生时，部分房屋的破坏或倒塌还是在所难免，亦即仍然存在对人身安全的威胁。为此，作为个人，若能预先了解一些关于地震时如何逃生或减少伤亡的基本知识，以防患于未然，达到“自救”的目的，看来是有好处的。

姚攀峰编著《科学地震逃生》一书，就是如何进行“自救”的良好资料。作者长期从事工程抗震工程研究和设计，具有扎实的理论和实践经验。他根据地震、工程、逃生的基本原理，结合模拟实验，纠正了对地震逃生的一些错误认识，提出了一系列比较科学的地震逃生方法，并基于实际地震逃生案例进行了验证。当然，这不可能是万全之策，但从尽量减轻伤亡来看，方法是基本可行的。

建议珍惜生命、希望在地震时尽可能降低伤亡的人们，不妨一读此书。

中国工程院院士

容柏生

序言二

难得有这么一位年青的科技工作者对地震逃生感兴趣，并且能够写成一本洋洋数万言的巨著实属不易。敬佩之余谈一点体会和感触。

地震是一种天灾自古有之，地震的历史记载在我国有长达上千年的资料。地震对人们并不陌生，但又都知之不多，因为遭遇的机会很少，也许一辈子都碰不到一次。

但是，地震又是客观存在的自然灾害，客观上时有所闻。国内的、国外的都有，而且一旦发生，后果十分可怕，损失非常巨大，所以又不得不引起人们的关注。

碰到地震应当如何逃生、怎样避难？这是大家所关心的，但又不怎么当一回事，因为地震发生的几率太低，谁知道什么时候会碰到？地震过后也就逐渐淡忘了。正因为人们处于这种心态，关注地震逃生也就不是一件迫切和必须知道的知识了。

然而，地震逃生毕竟还是一个现实问题，严肃的问题。一场毁灭性的大地震可能会造成成千上万人丧失生命，财产的损失更是不言而喻。记得唐山大地震时曾将106万人口中的65万人当场压埋在废墟的瓦砾堆里，人们通过自救、互救，以及后来到达的抢救队伍把大部分人救出来，但仍造成24万多人死亡和14万多人重伤。

“时间就是生命”这句话用来描述地震后被压埋在废墟里的伤

员是最贴切不过的。被埋者每分钟都有可能停止呼吸，争取早一分钟救出就使生命得以延续，而晚一分钟被发现就可能是生命的结束。

笔者对本书的出版有两点期望：

一是对本书出版的祝福。多少年来尚未见到过类似的科学地震逃生类的书籍出版过。原因可能是多方面的，但至少说明这方面还没有受到人们的足够关注。同时也可能由于科学地震逃生问题的复杂性而无人问津。

本书是一次大胆的尝试，更是对逃生科学的一次探索。曾看到过一些地震最频发的日本的宣传画，讲述地震时应当如何避难逃生，他们似乎也没有对此提高到科学地震逃生的高度来对待。我期待年轻人的创见能够在我国首先实现。

本书提到了许多新概念和新理念，无疑对科学逃生方法的探索是有益的。由于地震的突发性，人们所处的环境、场地不同，位置和时间不同，因此决定逃生方式不可能千篇一律的。又由于个体和群体不同，青壮年和老弱病残不同等等，更决定逃生的速度也是千差万别的。书中介绍的种种逃生方法，特别是综合地震逃生法是值得参照的。

二是赞赏本书的带头作用。从事工程抗震和地震工程的科技人员不少，经历过国内外大地震的考察调研、试验研究的也大有人在。对地震的了解和对房屋破坏倒塌的认识和经验可能比非本专业的人们要多一些。因此，我认为我们应当有责任和义务把一些科学逃生的经验写出来供人们参考，不要让社会上的许多误导诸如地震时要往厕所里跑，房间越小越安全等等害人的宣传报道，影响人们自救互救的机会，避免不必要的损失和伤害。

总之，地震逃生要上升为一门科学还需要经过不断努力探索，总结成功和失败的经验，逐步提升到理论高度，然后形成科学的逃生规律。但是这并不影响平日的宣传教育和探讨地震逃生避难的方式方法，以期应付一旦发生地震时人们能够从容选择最有效的获救途径，躲过地震时短短的数分钟珍贵时间可能对人们造成的伤害，争取更大的生存机会，做到防患予未然。因此我建议大家能够浏览本书将会有所裨益。

住房和城乡建设部城市建设防灾减灾专家委员会委员
中国建筑学会抗震防灾分会高层建筑抗震专业委员会委员
周炳章

前　言

地震是地壳的快速振动，是地球上经常发生的自然现象，全世界每年约发生500万次,造成严重破坏的(7级以上)约18次，造成损害的5级以上地震千次左右。中国属于地震多发区之一，每年发生的5级以上地震约20～30次。

地震又是自然灾害中的杀手之王。我国因地震死亡的人数，占国内所有自然灾害造成死亡人数的50%以上:其中1976年河北唐山地震,24万多人死亡;2008年汶川地震，近9万人死亡或失踪。而地震逃生则是减少人员伤亡的重要措施，在相同环境下人员逃生的方式决定了最终伤亡情况，有关资料显示，不同的逃生方法死亡率差异可达30%左右。

地震逃生有广义和狭义之分，广义的地震逃生指逃生个体为应对地震，采取自救的各种措施和行为，包括逃离、掩埋自救等；狭义的地震逃生指地震发生后，人员逃离到目标安全区的过程。本书主要探讨狭义的地震逃生。

本书在地震逃生实例、模拟实验和理论研究的基础上，对地震逃生原理、方法及具体应用进行了系统的探讨。全书共分为10章，第1章为绪论，简要介绍本书写作背景和章节分布；第2章介绍地震基本知识；第3章介绍地震逃生原理；第4章介绍综合地震逃生法及其四要素；第5、6、7章分别介绍平原城市室内地震逃生、平原城市室外地震逃生、平原村镇地震逃生；第8、9章介绍了山区、地震火灾等地震特殊逃生；第10章介绍了地震逃生的实现、展望及局限性。

在写作本书的过程中，得到了孔永祥硕士研究生等人的帮助和支持，向他们致谢。我要特别感谢我的妻子范俐捷博士和我的父母，他们为我的写作提供了时间保证；也要特别感谢我的女儿姚昕瑜，她为我写作本书提供了持久的动力。

由于本人水平有限，文中难免存在着不当之处，敬请我的同行和相关领域的专家们多加指点。同时，也希望读者们对书中内容“思辨之，慎取之”，力争找到地震逃生的科学方法，把伤害降到最低限度。

姚攀峰

2012年4月12日

目　录

1 绪 论

◇ 专家的应对方法科学吗？ 

一位从事地震研究工作的专家在北京经历了著名的唐山大地震，他这样回忆当时的经历和应对：

唐山地震发生在1976年7月28日凌晨3点多钟，当时笔者住在北京前门附近一个非常破旧的二层木质结构的楼房里，楼房至少有五十年历史了，除了外墙是砖砌的，地板和骨架都是木质的，一走起路来地板就发出“咯吱咯吱”的呻吟声，那时正好是夏天，天气出奇的闷热，难以让人入睡，我刚躺着一会儿，迷迷糊糊中就觉得床有些大幅度上下跳动，地板甚至整个楼房都发出“嘎吱”的声音。我立刻意识到有大地震发生了。长年从事地震工作的我被晃醒后没有立即下床，而是躺在床上开始数数：一、二、三……，数着数着床的晃动变小了，当数到第二十的时候，突然又来了一次晃动，比第一次更厉害，整个楼层都 在忍受剧痛似的“哗哗啦”乱响。[1]

唐山地震来临时，该专家的应对地震的方法正确吗？该可能发生什么样的危害？怎样逃生更加科学？

1.1 意义 [2, 3, 4]

地震就是地壳的快速振动，它像刮风、下雨一样，是地球上经常发生的自然现象。全世界每年约发生500万次，每天大概发生13700次，约1% 为人们可以感知的地震，造成严重破坏的地震（7级以上）约每年 18 次，5 级地震每年约千次[5]，仅我国每年发生 5 级以上地震的次数为 20 ~ 30 次。1900 年以来，我国共发生 6 级以上地震近 800 次，每年约 8 次，遍布除贵州、浙江两省和香港、澳门特别行政区以外所有的省、自治区、直辖市。地震是自然灾害中的杀手之王，我国因地震造成死亡的人数，占国内所有自然灾害包括洪水、山林火灾、泥石流、滑坡等总人数的 54%。其中 1920 年宁夏海原地震，造成 23 万多人死亡；1976 年河北唐山地震，24 万多人死亡[6]；2008 年 5 月 12 日汶川地震，近 9 万人死亡或失踪。地震给人们带来巨大的经济损失，1995 年日本神户大地震，人员死亡 5466 人，3 万多人受伤，经济损失达 1000 亿美元。地震是人类必须面对的重大灾难。

地震逃生是减少人员伤亡的重要措施，在同样的环境下人员逃生的方式决定了最终伤亡情况，不同的逃生方法死亡率差异可高达 30%。地震逃生有广义和狭义之分，广义的地震逃生指逃生个体为应对地震，采取自救的各种措施和行为，包括逃离、掩埋自救等；狭义的地震逃生指地震发生后，人员逃生到目标安全区域的过程。本书主要探讨狭义的地震逃生。

迄今为止，国内尚缺乏对地震逃生进行系统研究的相关资料，本书对该领域进行了探讨，在地震逃生实例、模拟实验和科学理论基础上，给出不同情况下地震逃生方法的初步建议，不足之处请专家学者指正。

1.2 阅览导读

全文共分为 10 章，第 1 章为绪论，简要介绍本书写作背景和章节分布；第 2 章介绍地震的基本知识，第 3 章介绍地震逃生基本原理，第 4 章介绍综合地震逃生方法及其四要素，第 5、6、7 章分别介绍平原城市室内逃生、平原城市室外逃生、平原村镇逃生，第 8、9 章介绍了山区、地震火灾等地震特殊逃生，第 10 章介绍了地震逃生的实现、展望及局限性。

该专家科学探索的精神值得学习，但是他的地震应对方法是错误的，他当时所处的环境是一个非常破旧的二层木结构的房屋，该房屋至少有五十年历史，主要可能发生的地震灾害是房屋倒塌，也可能发生火灾，尽快逃生到室外是较好的选择。

这说明了我国地震逃生研究较少，地震逃生培训还存在不足，尚不能应对实际的复杂情况。

2 地震基本知识

本章主要讲述地震的成因、类型等基本知识，是了解地震灾害的基础。

◇ 预报汶川地震？

汶川地震发生之后，有人宣称自己对该地震进行了准确的预报，其中2006年发表于《灾害学》的论文“基于可公度方法的川滇地区地震趋势研究”[7]影响比较大，在该文中提出了2008年川滇地区可能发生6.7级以上地震。该文章是否准确预报了汶川地震？

2.1 地震波

震源：是地球内发生地震的地方。

震源深度：震源垂直向上到地表的距离是震源深度。我们把地震发生在60km以内的称为浅源地震；60 ~ 300km为中源地震；300km以上为深源地震。目前有记录的最深震源达720km。

震中：震源上方正对着的地面称为震中。震中及其附近的地方称为震中区，也称极震区。震中到地面上任一点的距离叫震中距离（简称震中距）。震中距在100km以内称为地方震；在1000km以内称为近震；大于1000km称为远震。

地震波：地震引起的振动以波的形式从震源向各个方向传播并释放能量即地震波。

上述概念参见图 2-1，这就像把石子投入水中，水波会向四周一圈一圈地扩散一样。

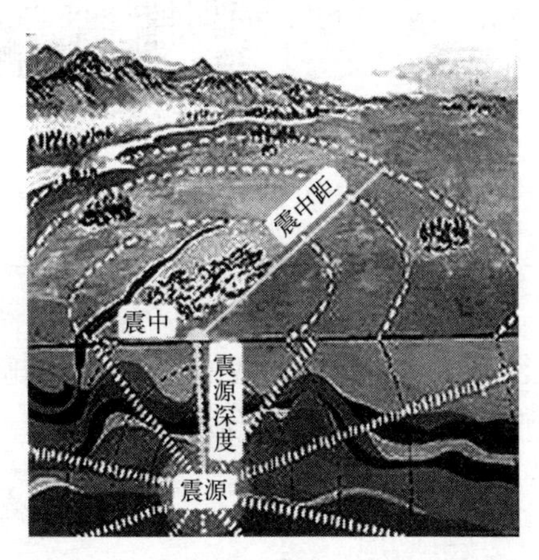

图 2-1 地震震源、震源深度、震中示意

地震波远较水波复杂，包括在地球内部传播的体波和在地表传播的面波两大类。

体波又分为纵波和横波，振动方向与传播方向一致的波为纵波（P 波），参见图 2-2。来自地下的纵波引起地面上下颠簸振动。振动方向与传播方向垂直的波为横波（S 波），参见图 2-3。来自地下的横波能引起地面的水平晃动。

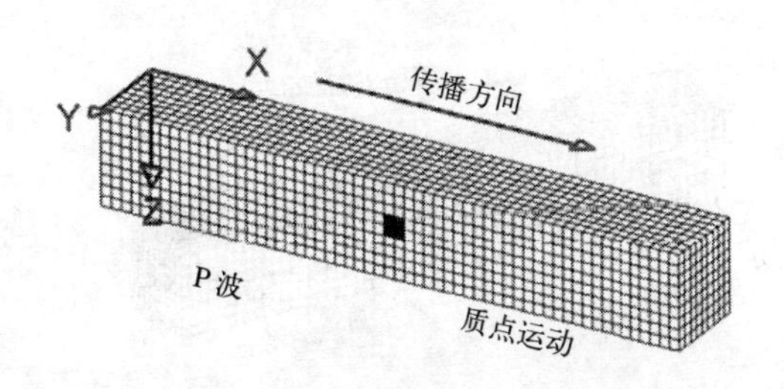

图 2-2 纵波（P 波）示意

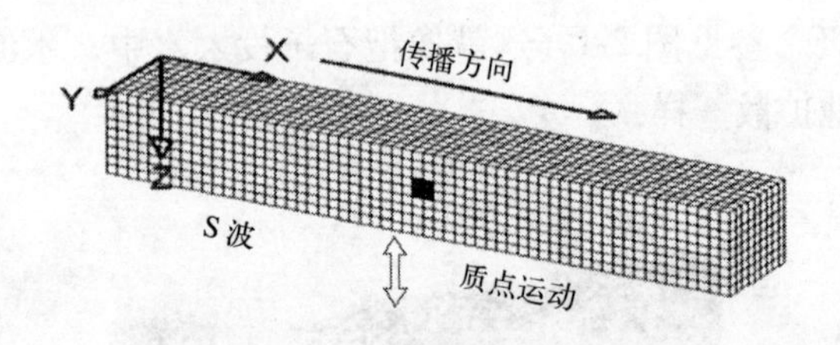

图 2-3 横波（S 波）示意

面波是体波经地层多次反射生成的波。包括椭圆形运动的瑞雷波（R 波）和蛇形运动的洛夫波（L 波），参见图 2-4 和图 2-5。

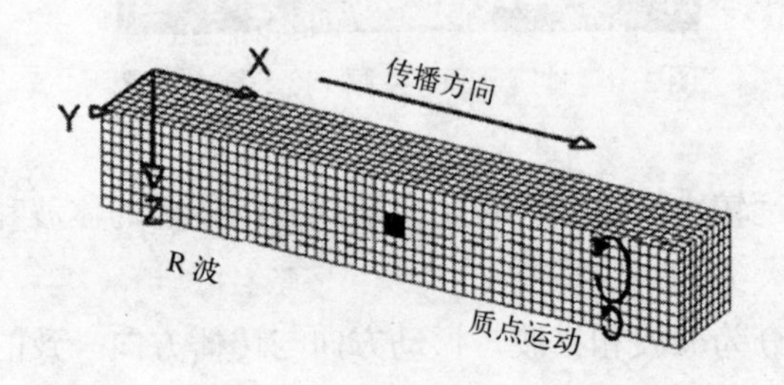

图 2-4 瑞雷波（R 波）示意

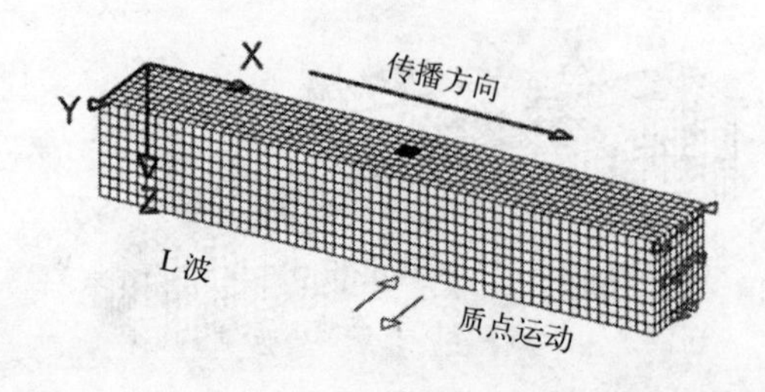

图 2-5 洛夫波（L 波）示意

一般情况下，纵波到达的较早，其他波较晚；纵波破坏性较小，横波和面波到达时破坏性最大。地震预警技术体系就是运用这个基本原理建立的，通过监测先到达的纵波，进而对晚到的横波和面波进行预警。

2.2 震级、烈度

2.2.1 震级

震级是表示地震本身大小的尺度。每一次地震只有一个震级。它是根据地震时释放能量的多少来划分的，震级可以通过地震仪器的记录计算出来，震级越高，释放的能量也越多。通常按照里氏震级确定，用标准地震仪（世界统一标准），距震中 100km 处测的最大水平位移 A（以微米为单位），再对 A 以 10 为底取对数即该此地震震级 M。

$$M=\log_{10}(A)$$

震级每差一级，地震释放的能量差约 32 倍。一个 6 级地震释放的能量相当于 2t 级的原子弹所释放的能量。

一般小于 3 级的地震，人感觉不到，是无感地震，其中小于 1 级地震称为超微震，1 ~ 3 级地震称为微震；3 ~ 5 级地震人能够感觉到，一般不会造成破坏，称为小震；5 ~ 7 级以上地震，能够造成破坏，称为中震；7 级以上地震，称为强震或者大震；8 级以上的称为特大地震或者巨震。

2.2.2 地震烈度

地震烈度是指地面及房屋等建筑物受地震破坏的程度，它不但与地震有关，和建筑物本身的坚固程度等多种因素有关。地震烈度是一个比较粗略的定性指标，评价有较大的人为因素。目前我国采用的是 1999 年颁布的中国地震烈度表，详见表 2-1。

中国地震烈度表　　表 2-1

烈度	在地面上人的感觉	房屋震害程度		其他震害现象
		震害现象	平均震害指数	
Ⅰ	无感			
Ⅱ	室内个别静止中人有感觉			
Ⅲ	室内少数静止中人有感觉	门、窗轻微作响		悬挂物微动
Ⅳ	室内多数人、室外少数人有感觉、少数人梦中惊醒	门、窗作响		悬挂物明显摆动，器皿作响
Ⅴ	室内普遍、室外多数人有感觉，多数人梦中惊醒	门窗、屋顶、物架颤动作响，灰土掉落，抹灰出现微细裂缝，有檐瓦掉落，个别屋顶烟囱掉砖		不稳定器物摇动或翻倒
Ⅵ	多数人站立不稳，少数人惊逃户外	损坏、墙体出现裂缝，檐瓦掉落，少数屋顶烟囱裂缝、掉落	0～0.1	河岸或松软土出现裂缝，饱和沙层出现喷沙冒水；有的独立砖烟囱轻度裂缝
Ⅶ	大多数人惊逃户外，骑自行车的人有感觉，行驶中的汽车驾乘人员有感觉	轻度破坏、局部破坏，小修或不需要修理可继续使用	0.11～0.30	河岸出现塌方；饱和沙层常见喷沙冒水，松软土地上地裂缝较多；大多数独立砖烟囱中等破坏
Ⅷ	多数人摇晃颠簸，行走困难	中等破坏、结构破坏，需要修复才能使用	0.31～0.50	干硬土上亦出现裂缝；大多数独立砖烟囱严重破坏；树梢折断；房屋破坏导致人畜伤亡

续表

烈度	在地面上人的感觉	房屋震害程度		其他震害现象
		震害现象	平均震害指数	
Ⅸ	行动的人摔倒	严重破坏、结构严重破坏，局部倒塌，修复困难	0.51～0.70	干硬土上出现许多裂缝；基岩可能出现裂缝、错动；滑坡塌方常见；独立砖烟囱许多倒塌
Ⅹ	骑自行车的人会摔倒，处不稳状态的人会摔离原地，有抛起感	大多数倒塌	0.71～0.90	山崩和地震断裂出现；基岩上拱桥破坏；大多数独立砖烟囱从根部破坏或倒毁
Ⅺ		普遍倒塌	0.91～1.00	地震断裂延续很长；大量山崩滑坡
Ⅻ				地面剧烈变化，山河改观

对于一次地震，震级只有一个，对应不同的地点，烈度不同，如图 2-6 所示。一般说来，距离震源近，破坏就大，烈度就高；距离震源远，破坏就小，烈度就低。地震震级好像不同瓦数的电灯泡，瓦数越高，亮度越大。烈度好像屋子里受光亮的程度，对同一盏电灯来说，距离电灯越近，亮度越大，离电灯越远，亮度越小。

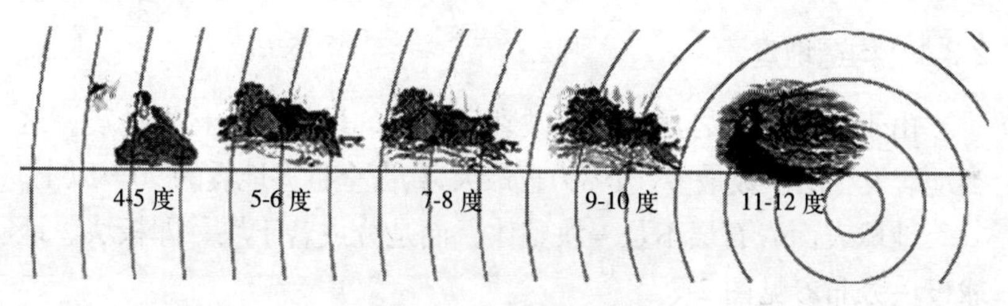

图 2-6　地震烈度示意

对于浅源地震，震级与震中烈度大致存在如表 2-2 所示的关系。

震级与震中烈度对应关系（参考） 表 2-2

震级	2	3	4	5	6	7	8	>8
震中烈度	1～2	3	4～5	6～7	7～8	9～10	11	12

2.2.3 抗震设防烈度

抗震设防是指对建筑物进行抗震设计，并采取一定的抗震构造措施，以达到结构抗震的效果和目的。

抗震设防烈度是按照国家批准权限审定的作为一个地区抗震设防依据的地震烈度，是该地区工程设防的依据，地震烈度按照不同的频度和强度通常划分为设防小震烈度、设防中震烈度、设防大震烈度。我国规定的抗震设防区指的是 6 度及 6 度以上的地区，一般情况下可采用我国地震烈度区划图的地震基本烈度，参见附录 1。对做过抗震防灾规划的城市可按照批准的抗震设防区划进行抗震设防，例如北京地区抗震设防烈度为 8 度。

2.3 地震类型和成因 [4]

根据地震的成因，地震可分为以下几种：

2.3.1 构造地震

由于地下深处岩层错动、破裂所造成的地震称为构造地震。这类地震发生的次数最多，破坏力也最大，约占全世界地震的 90% 以上。

地球表面岩石层不是一块整体，而是分成若干块，即板块。地球板块分布参见图 2-7。

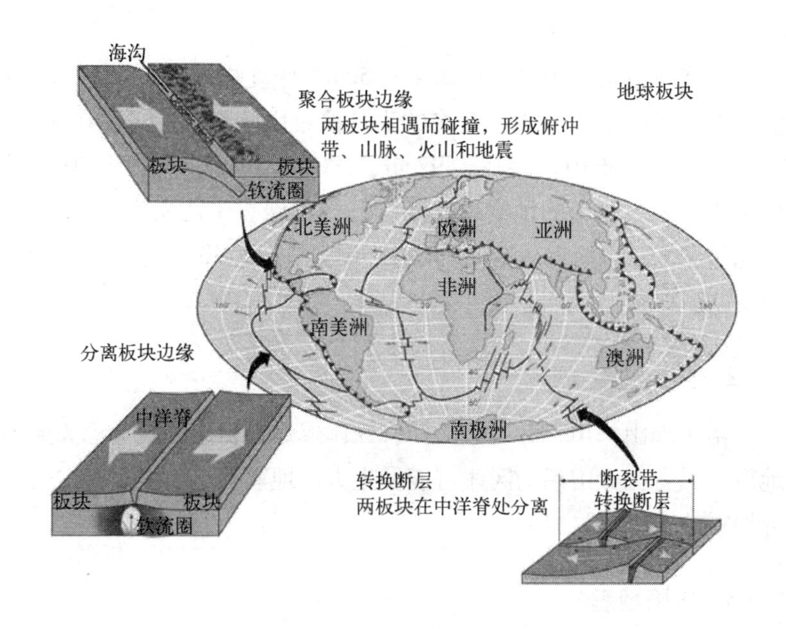

图 2-7 地球板块示意

板块在它下面地幔的软流层流动的驱动下，不停地移动。板块边界相互制约，板块之间处于复杂的受力状态，到达一定程度时引起板块局部破裂形成构造地震。板块构造运动如图 2-8 所示。

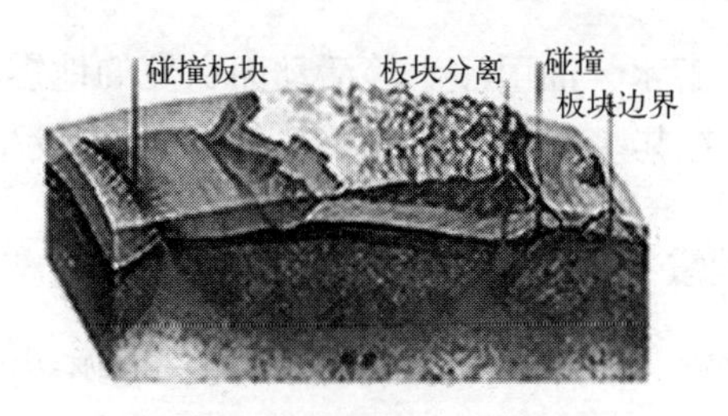

图 2-8 板块构造运动示意

在板块边界，由于板块运动和碰撞引发的地震，叫板缘地震；在板块内部由于断层活动而发生的地震是板内地震。世界主要地震带在大板块的交界处。

印度洋板块每年向北移动 4 ~ 5cm，印度洋板块与欧亚板块碰撞引发一系列的大地震，著名的喜马拉雅山脉就是此运动造成的。在过去 100 余年中，除在 1897 年、1905 年、1934 年和 1950 年发生过 4 次 8 级以上的地震外，在喜马拉雅地震带还发生过 10 次震级超过 7.5 级的地震。2008 年的汶川地震（8.0 级）就是由此运动引发的。

2.3.2 火山地震

由于火山作用，如岩浆活动、气体爆炸等引起的地震称为火山地震。只有在火山活动区才可能发生火山地震，这类地震仅占全世界地震的 7% 左右。

2.3.3 塌陷地震

由于地下岩洞或矿井顶部塌陷而引起的地震称为塌陷地震。这类地震的规模比较小，次数也很少，即使有，也往往发生在溶洞密布的石灰岩地区或大规模地下开采的矿区。国内外发生的塌陷地震最大震级为 5 级。

2.3.4 诱发地震

由于水库蓄水、油田注水等活动而引发的地震称为诱发地震。这类地震仅仅在某些特定的水库库区或油田地区发生。

2.3.5 人工地震

地下核爆炸、炸药爆破等人为引起的地面振动称为人工地震。

2.4 地震分布

世界地震主要分布在下列地震带，如图 2-9 所示。

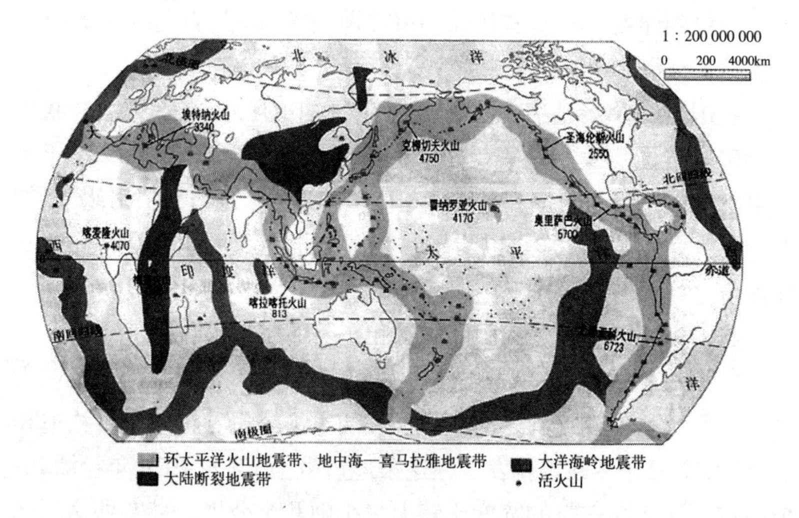

图 2-9 世界火山和地震带分布

（1）环太平洋地震带：沿北美洲太平洋东岸的美国阿拉斯加向南，经加拿大本部、美国加利福尼亚和墨西哥地区，到达南美洲的哥伦比亚、秘鲁和智利，然后从智利转向西，穿过太平洋抵达大洋洲东边界附近，在新西兰东部海域折向北，再经斐济、印度尼西亚、菲律宾，我国台湾省、琉球群岛、日本列岛、阿留申群岛，回到美国的阿拉斯加，环绕太平洋一周。全球约 80% 的浅源地震、90% 的中深源地震、100% 的深源地震发生在此地震带。

（2）亚欧地震带：从印度尼西亚开始，经中南半岛西部和我国的云、贵、川、青、藏地区，以及印度、巴基斯坦、尼泊尔、阿富汗、伊朗、土耳其到地中海北岸，一直延伸到大西洋的亚速尔群岛。这个地震带全长两万多公里，跨欧、亚、非三大洲，也称地中海—喜马拉雅地震带，除环太平洋地震外，几乎所有其他的中深源地震和大一些的浅源地震都发生在这个部分，占全球地震的 15%。

（3）大洋海岭地震带和东非裂谷地震带：从西伯利亚北岸靠近勒那河口开始，穿过北极经斯匹次卑根群岛和冰岛，再经过大西洋中部海岭到印度洋的一些狭长的海岭地带或海底隆起地带，并有一分支穿入红海和著名的东非裂谷区。

我国是一个多地震国家，据近4000年的历史文献记载，我国绝大部分地区均发生过震级较大的破坏性地震。公元前1767年河南发生地震："桀十年，五星错落，夜星陨如雨，地震，伊洛竭"（竹书计年）[8]。从图2-9可以看出，我国处于环太平洋地震带和亚欧地震带之间，所以地震发生比较频繁。

我国主要地震带是南北地震带和东西地震带。

（1）南北地震带：这条地震带的北端位于宁夏贺兰山，经过六盘山，经四川中部直到云南东部全长两千多公里。该地震带构造相当复杂，全国许多强震就发生在这条地震带上，例如1976年松潘7.2级地震。这条地震带的宽度比较大，少则几十公里，最宽处达到几百公里。

（2）东西地震带：东西走向的地震带有两条，北面的一条从宁夏贺兰山向东延伸，沿陕北、晋北以及河北北部的狼山、阴山、燕山山脉，一直到辽宁的千山山脉。另一条东西方向的地震带横贯整个国土，西起帕米尔高原，沿昆仑山东进，顺沿秦岭，直至安徽的大别山。这两条地震带是有一系列地质年代久远的大断裂带构成的。

2.5 地震预报

地震预报，是指用科学的思路和方法，对未来地震（主要指强烈地震）的发震时间、地点和强度（震级）作出预报。地震预报按照时间可以分为长期、中期、短期、临震4个阶段（图2-10）。

因为地震会给人类带来巨大灾害，地震预测从一开始就是人们十分关注的科学领域，政府和公众都希望实现地震预报。然而，经过长期对地震预测的科学探索和研究，至今没有实质性的突破，地震预测成为世界性科学难题[9]。我国秦四清研究员等人对强震预测提出了新的地震预报理论，尚待进一步检验[10]。

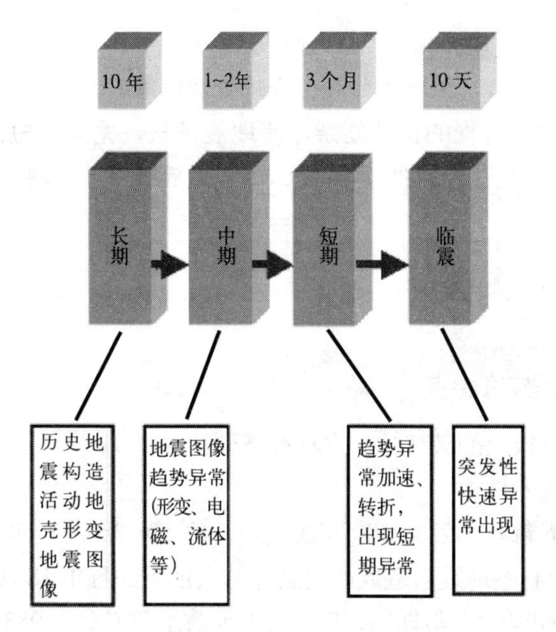

图 2-10 预报时间划分

1911 年理德提出地球内部不断积累的应变能超过岩石强度时产生断层，断层形成后，岩石弹性回跳，恢复原来状态，于是把积累的能量突然释放出来，引起地震。该理论能够作为我们粗略预测已知活断层的下一次大破裂时间的依据。

受科学发展水平所限，目前的技术水平无法准确预报地震发生的时间、地点和震级。美国加州中部的 Parkfield 小镇，在 20 世纪 90 年代之前的 100 年期间，约 22 年发生一次地震，当时估计下一次地震发生在 1993 年。美国国家地质调查局花费了大量的人力和物力，安装设备，希望能够进行检测，直到 2004 年才发生地震。日本 1995 年前一直认为东海会发生强震，但是事实却发生在神户。

目前，还没有诞生任何一种准确的短临预报理论，现实的态度是接受这种事实。但是在世界上某些地区，尤其是板块边缘地区，其未来最大地震震级及未来几十年发震概率已经被估计出来。这种含有不确定性的估计不会对公众信心产生误导，它们将有助于制定合理的社会政策，采取必要的措施减少地震危害。

地震孕育过程的极其复杂，使地震预报，尤其是短、临预报，目前处于经验性预报的探索阶段，仍是世界级科技难题。

2.6 地震灾害

2.6.1 地震灾害特点

地震有极大的破坏性，它具有下列特点。

(1) 多发性

全世界每年约发生 500 万次地震，约 1% 为人们可以感知的地震（5 万次有感地震），造成严重破坏的大地震约每年 18 次[2]；其中，1950 ~ 1999 年 50 年期间，6 级以上地震地震总计 7 983 次，平均每年约 160 次（期间包括余震）；7 级以上地震总计 831 次，平均每年约 17 次(16. 6 次)；8 级以上地震总计 37 次，平均每 3 年发生 2 次；2007 年则是地震高发期，全世界 6 级以上地震 196 次（包括 44 次余震），其中，7 级以上地震 20 次（包括 6 次余震）；8 级以上地震 5 次[11]。

我国地震发生频繁，自 1949 ~ 2007 年，100 多次破坏性地震袭击了我国 22 个省（自治区、直辖市），造成 27 万余人丧生，占全国各类灾害死亡人数的 54%，地震成灾面积达 30 多万平方公里，房屋倒塌达 700 万间。

(2) 突发性

地震具有突发性的特点有两层含义：

1）是指地震发生的时间、地点、强度（震级）是突发的，具有不确定性、随机性。

2）是指没有两个地震是完全相同的。

2008 年的汶川地震就是一次突发性很强的地震，从图 2-11 ~图

2-13 可知,不同震中距地震加速度不同;相同震中距,加速度也不同。

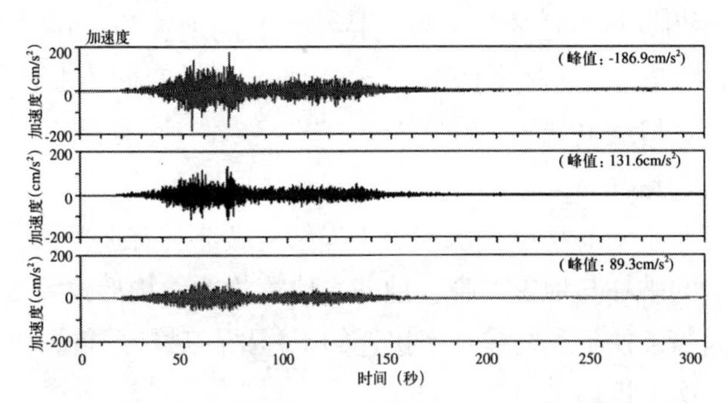

图 2-11 地震加速度记录 1(四川松潘安宏台,震中距 168km)

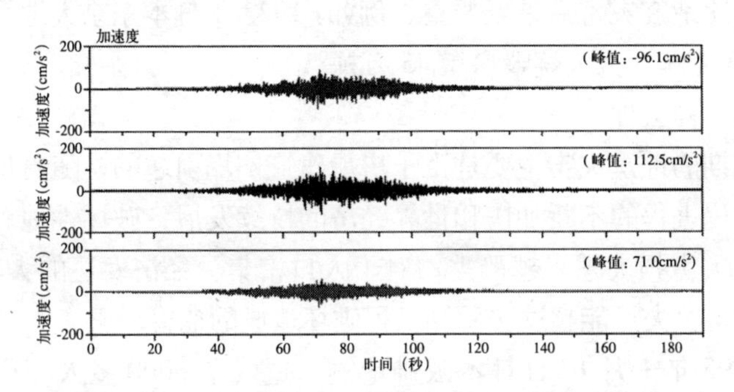

图 2-12 地震加速度记录 2(四川九寨白河,震中距 267km)

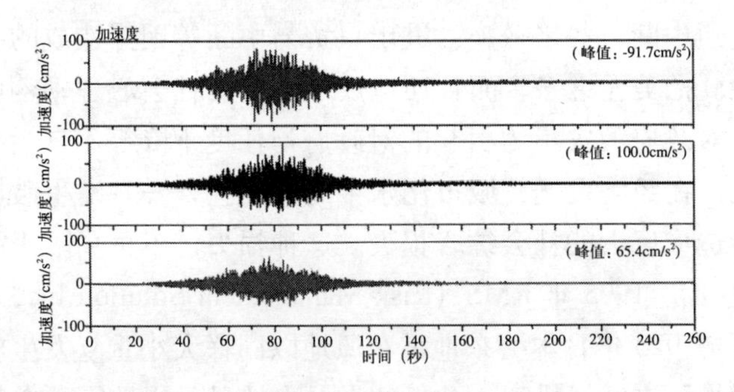

图 2-13 地震加速度记录 3(四川九寨沟永丰,震中距 262km)

(3) 瞬时性

地震是在短时间内造成巨大灾害的自然力量，其持续时间是以分钟和秒为计算单位的。世界上持续最长的地震为1964年阿拉斯加地震，约7分钟。通常情况下，一次地震持续时间为1分钟左右，较长的地震持续也就3分钟左右。

(4) 选择性

地震对不同的房屋、水坝等工程结构破坏具有选择性。地震对工程结构的破坏与地震本身、地基、建筑物的结构形式等多种因素有关，同等条件下和地震频率接近的工程结构破坏严重。

(5) 次生性

地震引起的火灾、滑坡、海啸等灾害称之为次生灾害，次生灾害有时比地震灾害后果更严重。例如：1923年日本东京大地震震倒房屋13万栋，火灾烧毁房屋45万栋。

(6) 社会性[12]

早期的地震灾害主要是由于房屋建筑倒塌引起的，随着世界人口城市化进程的不断加快和世界经济的持续发展，破坏性地震造成的社会灾害损失越来越严重，对于人口密集、经济发达的大城市，社会灾害损失可能超过房屋等工程破坏造成的危害。

1995年1月17日日本阪神地震，造成了6000多人死亡和超过1000亿美元的损失，其中建筑物和设施等工程破坏损失了480多亿美元。由于处于震中区的大阪是日本的重要大港口，因此由震后交通中断、经济瘫痪、进出口贸易中断等因素造成的经济损失达600亿美元之多，而且还造成了严重的社会心理动荡、失业及人民对政府救灾不力引起的对政府信任度下降等不良后果。由此可见，在经济发达、城市化水平高的地区，一旦发生破坏性地震将会造成巨大的社会综合损失。这种损失已不再局限于简单的工程方面。1995年RMS（Risk Management Solution Inc，RMS）曾经对“1923年日本关东地震在原地以同样大小重复发生将会产生的后果”进行了模拟，分析结果惊人地显示，地震综合损失会达到 21000 亿美元，而建筑物及内部设施的损失仅为 10000 亿美元，不足 50%。

随着人口向城市大量集中和社会经济迅速发展，这种以社会损失为主体的灾害必将打破长期以来形成的以建筑物破坏为代表的工程灾害占主导的震灾损失格局。

地震灾害根据产生原因不同，分为三类：原生灾害、次生灾害、诱发灾害。

2.6.2 原生灾害

由于地震的作用而直接产生的地表破坏，各类房屋、水坝等工程结构的破坏，及由此而引发的人员伤亡与经济损失，称为原生灾害。原生灾害主要有以下形式。

（1）造山运动

地震可以造山。喜马拉雅山、阿尔卑斯山、台湾中央山脉等均是经过板块碰撞、一系列的地震所造成的。我国西南部的喜马拉雅山是欧亚板块和印澳板块聚合碰撞形成。西藏高原第一次造山运动始于始新世，在距今 1200 百万年的中新世中期以前，当时西藏高原北高南低，平均高度约 1000 米，喜马拉雅山并不是山脉。中新世中期，强烈的喜马拉雅运动使原来平坦的地面复杂化，断陷盆地和断块山地出现，地形起伏加剧，发育了较好的中新统地层。自此以后，直到第三纪晚期（距今 200 万年），高原又以均匀的速度缓慢上升。喜马拉雅山开始上升，初步形成山脉。

自第四纪（距今约 200 万年）以来，印度板块对欧亚板块的挤压逐渐加剧，青藏高原逐渐隆升，随后隆升的幅度越大。中更新世后期（距今 100 多万年），高原上升达海拔 3000 米左右，喜马拉雅山区海拔上升达 5000 米以上。全新世（距今 1 万年）高温期以来，喜马拉雅山区又上升了 500 米左右。直到目前为止，印度板块仍不断向北运移，不断与欧亚板块相挤压，喜马拉雅山至今仍在缓缓上升，参见图 2-14。[13]

英国部分学者认为 2008 年的汶川地震就是缘起喜马拉雅造山运动[14]。

图 2–14 喜马拉雅山脉是地震造成的

（2）地裂

地震可以造成地裂缝。

地裂缝是地表岩、土体在自然或人为因素作用下，产生开裂，并在地面形成一定长度和宽度的裂缝的一种地质现象。当这种现象发生在有人类活动的地区时，便可成为一种地质灾害。地裂缝可由多种因素形成，地震是其中一个重要成因。图 2-15 为汶川地震中的地裂缝。

图 2–15 汶川地震中的地裂缝（摄影：张雷）[15]

(3) 地陷

地震可以造成地陷。

据历史记载，1605 年（明万历三十三年）海南岛发生大地震，农历五月二十八日午夜时分，地震袭击了海南岛北部的琼州，滨海陆地大面积沉入大海，地面沉降约 4.5 米，数十个村庄被海水淹没，人和牲畜同遭劫难。一郑氏家谱中这样记述到："其地震动，忽沉有七十二村，聚居者，悉被所陷，外出者方免其殃，惨哉，山化海，为演顺无殊泽国，人变为鱼，田窝俱属波臣"。

汶川地震中有多处发生地陷，参见图 2-16。

图 2–16　汶川地震中的地陷现象

(4) 液化

地震引起砂土液化，液化是工程结构倾斜、倒塌的重要原因。

饱水的疏松粉、细砂土在振动作用下突然破坏而呈现液态的现象。地震、爆炸、机械振动等都可以引起砂土液化现象，尤其是地震引起的范围广、危害性更大。图 2-17 为 1964 年日本新泻地震液化导致房屋倒塌。

图 2-17　日本新泻地震液化导致房屋倒塌（1964）

（5）工程结构破坏

地震往往会破坏房屋、路桥等工程的结构。桥梁、道路的破坏导致救灾交通受阻，大坝的破坏导致水灾，电力设施等破坏导致信息无法正常传递，房屋的破坏是人员伤亡的主因之一，1976 年唐山地震，多达 60 万人被坍塌的建筑物掩埋。图 2-18 ~ 图 2-23 为唐山地震、汶川地震、台湾集集地震的工程结构破坏情形。

图 2-18　唐山市机车车辆厂震后概貌

图 2-19 汶川地震中北川县城破坏的建筑物 1（摄影：陈燮）[16]

图 2-20 汶川地震中北川县城破坏的建筑物 2（摄影：陈燮）[17]

图 2-21　汶川地震中破坏的桥梁 [18]

图 2-22　汶川地震破坏的铁路（摄影：张宏伟）[19]

图 2-23　台湾集集地震中石冈坝破坏[20]

2.6.3　次生灾害

地震引发的由于工程结构物的破坏而随之造成的诸如地震火灾、水灾、毒气泄漏与扩散、爆炸、放射性污染、海啸、滑坡、泥石流等灾害，称为地震次生灾害。次生破坏主要有以下形式：

（1）滑坡[8]

地震滑坡是地震引发的山体、土体局部或者全部滑落。地震既可能是滑坡的主因，也可能是滑坡的诱因。

地震滑坡可毁坏建筑物，压埋人畜、破坏农田，造成巨大灾害，这种灾害有时大于地震直接造成的灾害。

1718 年 6 月 19 日甘肃省通渭南发生 7.5 级地震，通渭城北笔架山一座山峰崩塌、滑坡，压死 4000 余人，甘谷北山南移（滑坡）掩埋永宁全镇及礼辛留村的一部分，死伤约 3 万余人。

1920 年，中国宁夏海源地震，引发滑坡。地震与滑坡总计造成约 20 万人死亡。

1933 年 8 月 25 日四川叠溪发生 7.4 级地震，千年古城叠溪即为地震滑坡和崩塌所毁灭，500 余人丧生。迭溪城南 5 公里之岷江东岸小关子村亦为一个滑坡所毁，使 57 人死亡。岷江西岸的烧炭沟、吉白沟、龙池、石咀等十余个村寨，地震时皆随山崩而倒：其中靠近岷江的烧炭沟、龙池、白腊等村，完全崩入江中，踪迹全无。在迭溪附近，岷江两岸山体崩塌、滑坡堆积成三座高达 100 余米的天然堆石坝，将岷江完全堵塞，成为堰塞湖，后因水浸坝决，酿成空前的大水灾。

1964 年 3 月 27 日美国阿拉斯加 8.6 级地震，克赖依湖四周九个三角洲产生陆地和水下滑坡。最大体积约 163 万 m^3，其引起的回浪高达 9m，远浪最大高达 24m，致使沿岸许多建筑物被毁。1970 年 5 月 31 日秘鲁 7.7 级地震，来自瓦斯卡蓝山北峰的大规模的滑坡、崩塌形成的泥石流；流速为每秒 80 ~ 90m，流程达 160 公里，携带的固体物质多达 1000 万 m^3。掩埋了阳盖镇和潘拉赫卡城的一部分，有 18000 人葬身。其伤亡人数占这次受害者总数的 40%，成为南美洲地震史上的空前事件。

汶川地震中多处滑坡，其中青川（四川），2008 年 5 月 14 日汶川地震造成青川县红光乡东河村山体大面积滑坡，青竹江和金子山到唐家河旅游公路被截断。滑坡纵向长度 3000 多米，横向宽度最长 600 多米，高 40 ~ 80m，220 多户 700 多人受灾，其中死亡 14 人，310 多人失踪。图 2-24 是汶川地震中余震发生时山体滑坡情景 [21]。

图 2-24 汶川地震中余震时青川滑坡（摄影：谢家平）[22]

(2) 泥石流

地震可以诱发泥石流。

泥石流是山区沟谷中，由暴雨、冰雪融水等水源激发的、含有大量泥沙石块的特殊洪流，其特征往往突然暴发，流体沿着山沟而下，在很短时间内将大量泥沙石块冲出沟外，常给人类生命财产造成较大的危害。地震中，当下雨时表层滑坡经常形成泥石流。

泥石流按其物质成分可分成3类：由大量黏性土和粒径不等的砂粒、石块组成的叫泥石流；以黏性土为主，含少量砂粒、石块、黏度大、呈稠泥状的叫泥流；由水和大小不等的砂粒、石块组成的叫水石流。

汶川地震中，同时多处灾区有雨水，造成泥石流，参见图2-25、图2-26。

图2-25 汶川地震泥石流掩埋的一个村庄（摄影：贯国荣）[23]

图2-26 汶川地震甘肃文县泥石流（摄影：田蹊）[24]

（3）火灾

火灾是地震最主要、最普遍的次生灾害，也是危害最为严重的一种次生灾害。由于地震的强烈震动造成各种电源、火源失控，易燃易爆物质燃烧爆炸等原因常引发火灾。例如1995年阪神地震(7.2级)，共引发火灾137起，造成震后大面积火灾，经济损失极为严重（图2-27、图2-28）。

图2-27 阪神地震火灾（图片来自网络）

图2-28 2003年9月日本北海道地震炼油厂火灾[25]

(4) 污染[26]

毒气、核在地震中泄漏造成污染。毒气扩散危险源主要是工业生产中储量较大、毒性较高、泄漏时造成大范围扩散的化工原料或者中间产品，如：氯气、氰化氢、氨气、二硫化碳、农药等。主要储存地点为化工厂、化肥厂、农药厂、医院、医药采购站等。

存在和使用放射性污染源的单位主要为核制造地、核电厂、医院、大学物探部门等。

汶川地震中，位于四川省什邡市的蓥峰实业有限公司和宏达化工股份有限公司生产装置破坏严重，有硫酸和液氨泄漏现象，造成污染[27]。

日本“3·11”地震中核电站发生严重的泄漏事件，达到最高级别7级，对全球产生影响。

(5) 海啸

海啸是由于海水被强大的作用力所搅动引起海水的扰动，由此而产生的连续、长周期、波长极长的波动。海啸主要是由于海洋和海岸区域的地震引起的。另外，山崩、火山喷发、原子弹爆炸，甚至来自外部空间的物体（例如陨石、小行星和彗星）的冲击也能引起海啸。

浅水的海滩上，大海啸是穿过大洋的深部而到达海面的，它的浪尖与浪尖的长度可以达到100英里甚至更长，而它的浪尖与浪谷的高度只有几英尺或者更小，这时无论你在空中俯瞰大海或者在海面轮船上都看不到或感觉不到它的存在。在海洋的最深处，波的传播速度极快，甚至可达到每小时600英里（970km/h）。当海啸通过它自己的方式进入浅滩时，波的速度将变小而波的高度将增高。海啸的浪高能够超过100英尺（30 m）并伴随有毁灭性的冲击力。

1960年智利地震，是引起最大一次海啸的地震（图2-29）。海啸传播的速度很快，14个小时后到达了夏威夷群岛，24小时到达日本。地震引发的海啸对一万多公里外的美国加利福尼亚北部Crescent市和两万公里外的日本都造成了破坏。

图 2-29　海啸对加州 Crescent 市造成破坏
(1960 年智利地震)

2004 年 12 月 26 日发生在印度洋的 8.9 级地震引发海啸，波及十几个国家，造成约 30 万人死亡，数百万人无家可归。

中国台湾地区曾经发生过较大的海啸灾害，大陆部分近海的大陆架较长，很少有大的海啸灾害。

(6) 洪灾

在水域附近发生地震，会引发一定比例的水灾。地震使大量崩塌的土石落入江河，形成人工大坝和“地震湖”，导致湖面水位急剧上升，大坝溃决引发水灾。例如 1933 年四川叠溪发生 7.5 级地震，引发岷江水灾，洪水咆哮以排山倒海之势洗劫了下游地区，冲毁良田数万亩，沿岸居民无以为生，颠沛流离。

滑县大地震，公元 1556 年 1 月 23 日，今陕西华县发生 8 级地震。据史料记载：“压死官吏军民奏报有名者 83 万有余，其不知名未经奏报者复不可数计”。这次地震极震区烈度为 12 度，重灾区面积达 28 万平方公里，分布在陕西、山西、河南、甘肃等省区，地震波及大半个中国，有感范围远达福建、两广等地。这次地震人员伤亡如此惨重，其重要因素是由地震引发了一系列地表破坏。其中，黄土滑坡和黄土崩塌造成的震害特别突出，滑坡曾堵塞黄河，造成堰塞湖湖水上涨而使河水逆流。当地居民多住在黄土塬的窑洞内，因黄土崩塌造成巨大伤亡。地裂缝、砂土液化和地下水系的破坏，使灾情进一步扩大。这个地区的房屋抗震性能差，地震又发生在午夜，人们难有防备，大多压死在家中；震后水灾、火灾、疾病等次生灾害严重。

汶川地震之后产生了多处堰塞湖（图 2-30、图 2-31）。

图 2-30　汶川地震中堰塞湖掩埋的村庄（摄影：王建民）[28]

图 2-31　汶川地震中平武平通镇堰塞湖[29]

图 2-32 是卫星照片，显示了北川附近的唐家山堰塞湖在地震后的形成过程，左图拍摄于 2006 年 5 月 14 日，右图拍摄于 2008 年 5 月 22 日，可以看出水在迅速积累。一旦溃坝，将影响下游 130 多万人的生命。图 2-33 为唐家山堰塞湖的激流。

图 2-32 汶川地震唐家山震前的河流和震后的堰塞湖卫星照片（图片来自网络）

图 2-33 唐家山堰塞湖的激流（摄影：李刚）[30]

2.6.4 诱发灾害

诱发灾害：由地震灾害引起的各种社会性灾害称为诱发灾害，如瘟疫、饥荒、社会动乱、人的心理创伤等，称为诱发灾害。图 2-34 为汶川地震中受灾人民的照片。

图 2-34 汶川地震中受灾的人民[29]

在上述灾害类型中，工程结构破坏、火灾、滑坡、泥石流、海啸对人的生命危害较大。

2.6.5 不同地区的灾害类型

地震发生在不同地区有不同的地震灾害类型。

平原主要发生下列灾害：地裂、地陷、液化、工程破坏、火灾、污染、诱发灾害。

山区主要发生下列地震灾害：地裂、地陷、液化、工程破坏、火灾、滑坡、泥石流、污染、洪灾、诱发灾害。

海滨主要发生下列地震灾害：地裂、地陷、液化、工程破坏、火灾、海啸、污染、诱发灾害。

有的是复合型地区，例如濒临海滨的山区等，它的灾害类型也是上述灾害的复合。

针对不同地区的地震灾害类型，应该采取科学的地震逃生和应对措施，这样才能有效减少地震灾害对人类造成的损失。

地震预测有三要素："时间、地点、震级"，《基于可公度方法的川滇地区地震趋势研究》一文预报以年为时间尺度，以四川和云南两个省为地震范围，属于中长期预报，是一个统计结果，具有一定的参考价值，但是未对汶川地震作出准确的短、临地震预报。

3 地震逃生原理

本章主要讲述地震逃生的原则、影响因素、安全函数等知识，是了解地震逃生的理论基础。

◇ 地震局推荐的逃生方法科学吗？

某地震局官方网站介绍的地震逃生方法：蹲下，寻找掩护，抓牢——利用写字台、桌子或者长凳下的空间，或者身子紧贴内部承重墙作为掩护，然后双手抓牢固定物体。如果附近没有写字台或桌子，用双臂护住头部、脸部，蹲伏在房间的角落。[31] 这种地震逃生方法科学吗？

2008 年汶川地震（8.0 级）主要灾害是房屋倒塌、滑坡、洪灾等，造成大量的人员死亡或者受伤；2011 年日本“3·11”地震（9.0 级）主要灾害是海啸、核辐射等，也造成了大量的人员死亡或者受伤。尽管这两次地震均造成了巨大的灾害，却无法采用同一种逃生方式应对。在汶川地震中行之有效的逃生方法无法简单地应用到日本“3·11”地震中去，同样的，在日本“3·11”地震中行之有效的地震逃生方法也无法简单地应用到汶川地震中去。不同的地震会造成不同的灾害，应对不同的地震灾害需要采用相应的地震逃生目标和方法。简而言之，灾害决定逃生！这是地震逃生的基本原则。

3.1 影响因素

影响地震逃生的因素有三个：环境、地震、逃生人员，三者之间的相互作用导致了地震中的实际逃生行为，参见图 3-1。

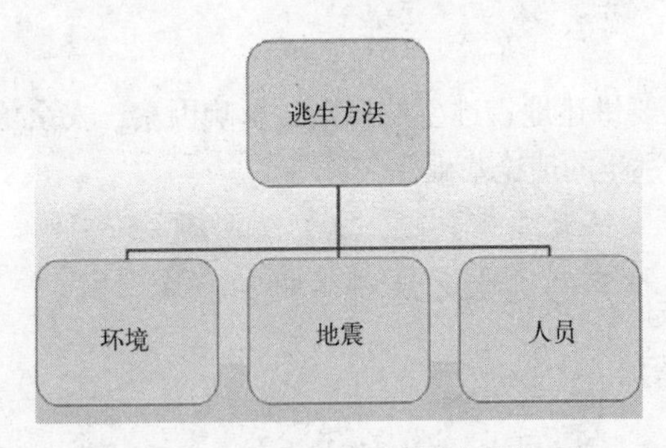

图 3-1 地震逃生影响因素示意

3.1.1 环境

不同环境产生的地震灾害是不同的，相应的逃生方法也不同，环境是地震灾害的内因，决定了可能发生的地震灾害，环境对地震灾害的影响参见图 3-2。

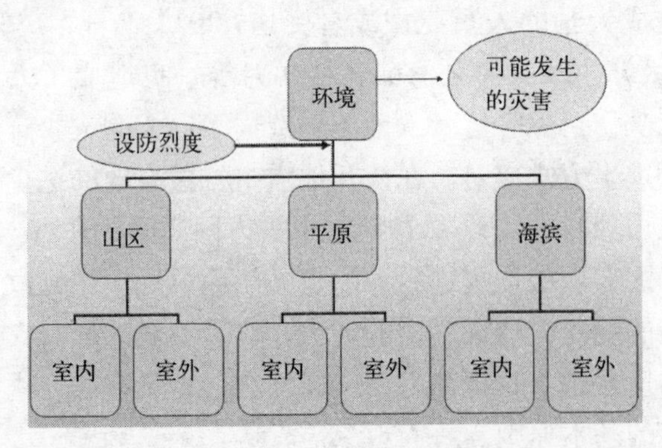

图 3-2 环境对地震灾害的影响

（1）地貌单元的影响

地震发生在不同的地貌单元有不同的地震灾害类型。

平原主要发生下列地震灾害：地裂、地陷、液化、工程破坏、火灾、污染、诱发灾害。例如，唐山地震发生在平原地貌单元上，主要产生的地震灾害是地裂、地陷、液化，工程结构破坏。

山区主要发生下列地震灾害：地裂、地陷、液化、工程破坏、火灾、滑坡、泥石流、污染、洪灾、诱发灾害。例如，汶川地震（2008，8.0级）震中发生在山区，主要产生的地震灾害是：工程破坏、泥石流、滑坡等。

海滨主要发生下列地震灾害：地裂、地陷、液化、工程破坏、火灾、海啸、污染、诱发灾害。例如日本“3·11”地震（2011，9.0级）发生在海滨，工程破坏和海啸是其主要地震灾害。

部分复合型地区，例如濒临海滨的山区等，地震灾害类型通常是上述灾害的复合。

（2）位置的影响

在同一地貌单元条件下，室内和室外的灾害是不一样的。室内主要面临的地震灾害有房屋或者工程破坏、倒塌、室内装饰物倒塌等造成的原生灾害，也有火灾等次生灾害。室外主要面临的地震灾害是高空坠物等伤害。在其他条件相同的情况下，通常而言，室外的安全性好一些。

（3）工程设防标准的影响

人类绝大多数活动时间和活动范围是在房屋、公路等工程中活动，房屋、桥梁等工程在地震中破坏、倒塌、崩溃造成人员的伤害是主要地震灾害。工程结构的破坏情况与建造时抗震设防标准之间存在密切的关系。在同样地震条件下，设防标准高的工程对人员的伤害远低于设防标准低的工程。

在房屋工程领域，我国自1950年之后，先后颁布了1959、1964、1974/1978、1989、2001（2008局部修订版）、2010年共计6版抗震设计规范。抗震设防标准不断地提高，特别是1989

年版抗震规范，明确提出了“三水准、两阶段”抗震设防的理念和技术措施。三水准即通常所说的“小震不坏、中震可修、大震不倒”，两阶段为小震弹性计算和大震弹塑性验算。1989 年规范及其以后的规范规定，50 年内超越概率约为 63% 的地震烈度为众值烈度，比基本烈度约低一度半，规范取为第一水准烈度，即设防小震烈度；50 年超越概率约 10% 的烈度即 1990 年中国地震烈度区划图规定的地震基本烈度或新修订的中国地震动参数区划图规定的峰值加速度所对应的烈度，规范取为第二水准烈度，即设防烈度；50 年超越概率 2% ~ 3% 的烈度可作为罕遇地震的概率水准，规范取为第三水准烈度，当基本烈度 6 度时为 7 度强，7 度时为 8 度强，8 度时为 9 度弱，9 度时为 9 度强，即设防大震烈度。

对于房屋而言，由于结构构件的刚度、承载力、延性、约束、施工质量、地震荷载等诸多因素的不同，建筑结构不同单元的实际抗震能力不同，在从破坏到倒塌的过程中，通常是一个逐步破坏的过程，有先倒塌的部分和后倒塌的部分，参见图 3-3 和图 3-4。

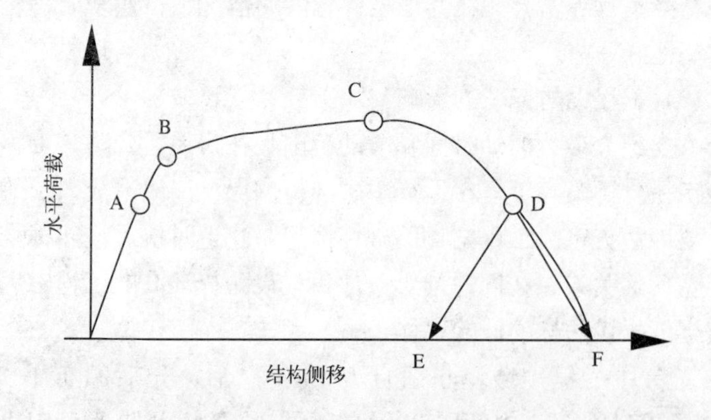

图 3-3 结构侧移和水平荷载关系示意

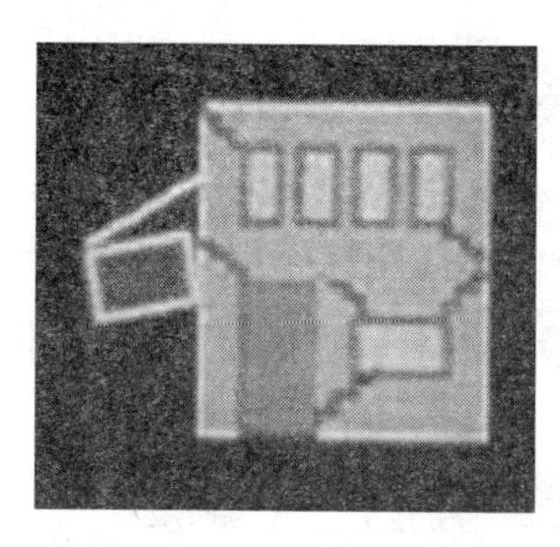

图 3-4 结构破坏和临近倒塌示意

按照抗震设防标准规范 1989 年版之后的版本进行设计和施工的房屋极大地减少了地震灾害的发生，有效地保护了人民生命和财产安全。根据震后统计，在汶川地震中，1979 ~ 1988 年修建的房屋需要立即拆除的占据该年度修建房屋的 28%，1989 ~ 2001 年修建的房屋需要立即拆除的占据该年代修建房屋的 11%，2001 年之后修建的房屋需要立即拆除的占据该年代修建房屋的 2%。随着规范设防标准的提高，需要立即拆除的房屋比例从 1979 ~ 1988 年之间的 28% 减少到 2001 年之后的 2%，相对减少了 92.8%；1979 ~ 1988 年修建的房屋可立即使用的房屋的占据该年度修建房屋的 22%，1989 ~ 2001 年修建的房屋可立即使用的占据该年代修建房屋的 47%，2001 年之后修建的房屋可立即使用的占据该年代修建房屋的 55%，随着规范设防标准的提高，可立即使用的房屋比例从 1979 ~ 1988 年之间的 22% 增加到 2001 年之后的 55%，相对提高了 150%；可参见图 3-5[32]。

近数十年来很多 6 度、7 度地震区发生了较大的地震甚至特大地震，部分地区的地震烈度超过预估的大震烈度[33]，可称为巨震烈度[34 ~ 37]。房屋倒塌、人员伤亡主要发生在巨震烈度区。如何在社会条件允许的前提下实现房屋在巨震烈度的抗震性能是一个难题，诸多专家学者对此进行了探讨[38 ~ 41]。针对上述问题，本书作者提出了“4 水准，多阶段”的抗震设防理念，性能目标为“小震不坏、中震可

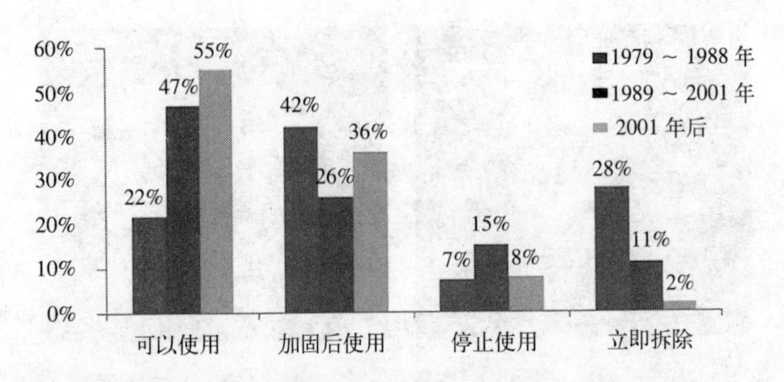

图 3-5 汶川地震中不同年代建造的建筑震害情况对比

修、大震不倒、巨震（避免单元）不倒”，根据需要，进行小震、中震、大震、巨震多阶段的验算。地震来临时，逃生人员可转移到地震避难单元，从而减少人员伤亡和财产损失，参见 4.4.2 节。

地震避难单元通过增加重要单元的抗震能力，从而实现对人员和财产的保护，增加成本较少，在经济上具有可行性。

3.1.2 地震

地震本身是造成地震灾害的主要原因之一。不同的震级、时间、地点、地震波造成的伤害均是不同的，具体内容可参见第 2 章，地震各因素的关系对地震灾害的影响示意参见图 3-6。

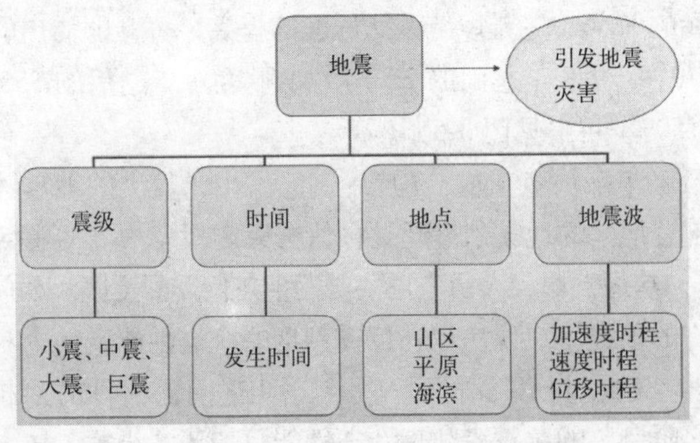

图 3-6 地震各因素影响

3.1.3 逃生人员

人员在地震中具有能动性，具有选择目标和逃生决策的能力。地震灾害中人员的行动能力、状态、分布、素质对地震逃生均有影响，参见图 3-7。

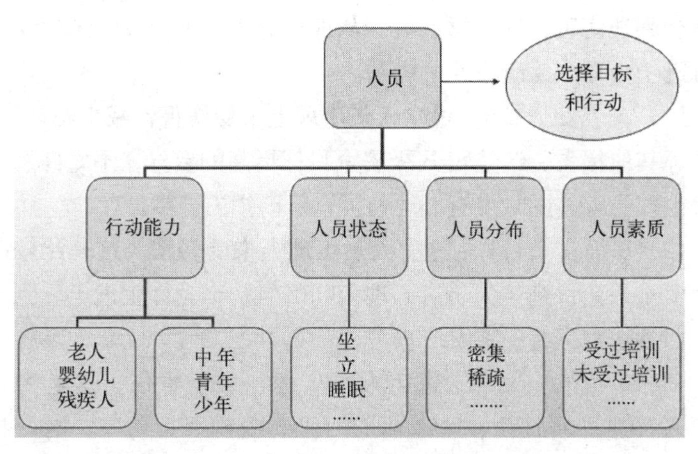

图 3-7 人员影响因素

(1) 行动能力

人员行动能力是影响地震逃生的重要因素。老人、儿童等人员行动能力相对较弱，中青年等人员行动能力相对较强。

(2) 人员状态

人员处于站、立、行、躺等不同的状态，对地震逃生的时间是有影响的。

(3) 人员分布

人员分布也对地震逃生有影响，密集人群逃生时间较长，稀疏人群逃生时间较短。

(4) 人员素质

有无受过地震逃生训练，也会影响到逃生时间和方法。

3.2 安全目标[114]

在地震中，逃生人员的安全目标不同，采取的逃生方法是不同的。一般而言，首先应该采取一切措施保护生命；其次是尽可能地减少人身生理上的伤害；在生命和健康能够保证的前提下，尽可能地减少心理伤害、保护财产等。从地震逃生角度出发，逃生安全目标可进一步划分为以下 4 个级别。

(1) A 级安全目标：逃生人员生理上未受伤害，减少心理伤害、财产等其他损失。这是较 B 级安全目标更高的要求，不允许逃生人员有生理伤害，同时没有心理伤害，财产损失轻微。

(2) B 级安全目标：逃生人员生理上未受轻伤。这是比较高的安全要求，允许逃生人员有心理惊吓，但是不允许生理上受到轻微或者严重伤害，有一定财产损失。

(3) C 级安全目标：逃生人员生理上未受重伤。这是中等安全要求，允许有轻伤，如磕碰等，没有受到严重伤害，财产损失较为严重。

(4) D 级安全目标：逃生人员生存。这是比较低的安全要求，允许逃生人员有重伤，财产损失严重。

在不同的环境下，安全目标是不同的，例如，在平原地区的草坪上，逃生人员可把安全目标定到 A 级，并采取相应的行动，不但可以做到没有生理伤害，而且可以做到没有心理伤害；在抗震性能差的房屋中，逃生人员可把安全目标定到 C 级、D 级，把有效生存放到首要目标，接受轻伤甚至重伤的可能性。

逃生安全目标是在地震中由逃生人员选定的，有很大的主观性。对于同一个地震、同样的环境，不同的人可能会做出截然不同的逃生目标选择并采取相应的逃生行为。在一定条件下，合理的逃生安全目标能够有效地提高逃生者的生理安全性和心理安全性。

3.3 安全区 [114]

地震灾害类型多样，地震中没有绝对安全的地方，一般说来，不受滑坡、海啸、倒塌物等威胁的室外平坦、空旷地带是最安全的区域，如操场、大面积的草地、农田等；室外和抗震性能为优的房屋是较安全的区域，如现浇钢筋混凝土剪力墙住宅等。按照可能对逃生者造成的伤害程度划分，安全区可以划分为5个等级(详见表3-1)。通常情况下，级别较高的安全区对逃生者的伤害较小。

安全区等级表 **表3-1**

编号	安全等级	可能实现的安全目标	特点描述	典型区域
1	I	A	不受滑坡、海啸、倒塌物等威胁的室外空旷地带，是最安全的区域	如操场、公园、大面积的草地、农田等
2	II	B	房屋一般不倒塌，可能受到轻型坠物、室内家具倒塌伤害的区域	离房屋、高耸物较远的室外、抗震性能为优的房屋室内
3	III	C	房屋一般不倒塌，可能受到重型坠物、室内墙倒塌伤害的区域	离房屋、高耸物较近的室外、抗震性能为良的房屋室内
4	IV	D	房屋倒塌，但是通常存在可容纳人生存的空间	砌体房屋的卫生间等
5	V	D	房屋倒塌，有一定可能性形成可容纳人生存的空间	砌体房屋的桌下、床下

对于量大面广的房屋而言，其破坏程度与安全区的存在一定的关系。美国联邦紧急事务管理署性能化抗震设计指导文件 FEMA 356 建议构件破坏程度分为四级，如表 3-2 所述。

结构构件破坏状态描述 **表3-2**

破坏程度	破坏极限状态形象描述	破坏极限状态定性描述
无结构性破坏（No Structural Damage）		构件达强度极限状态
可运行（Immediate Occupancy，IO）		有轻微结构性破坏
生命安全（Life Safety，LS）	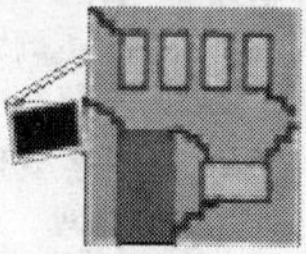	结构性破坏显著但可修复，但修复不一定经济合算，可确保生命安全，人员可从建筑中安全撤离
临近倒塌（Structural Safty，SS）	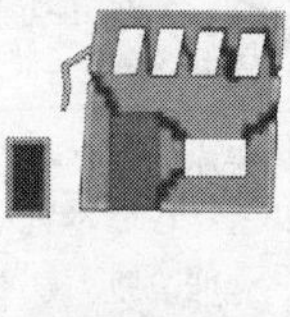	严重结构性破坏，不可修复，临近倒塌

结构抗震在设计时可采取性能设计，分析结构方案的特殊性、选用适宜的结构抗震性能目标，从而满足上述安全区的要求。

3.4 地震逃生距离

逃生者所在位置到目标安全区的各段逃生路线的路程总和称为逃生距离，以下简称逃生距，用 S 表示，是一个标量，数学表达式见式（3-1）：

$$S=\sum_{i=1}^{n} S_i \tag{3-1}$$

图 3-8 为一地震逃生距示例，一个人从 O 点逃生到 C 点，逃生距离 S 等于逃生距离 OA 段、AB 段、BC 段距离之和，而不是图中虚线所示的 OC 段距离。图 3-8 的地震逃生距为式（3-2）所示：

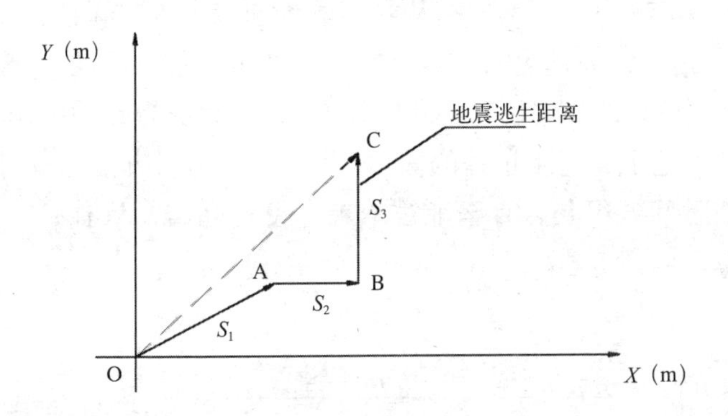

图 3-8　逃生距示意

$$S=S_1+S_2+S_3 \tag{3-2}$$

3.5 地震逃生函数

地震中，逃生人员逃生距离 S 和逃生时间 t 的关系为地震逃生函数，见式（3-3）。

$$S=S（t） \tag{3-3}$$

地震等效逃生速度（V_e，以下简称逃生速度）为地震逃生距除以逃生时间，在这里地震等效逃生速度是物理学中的速率，是一个标量，没有方向，见式（3-4）。

$$V_e = \frac{S}{t} \tag{3-4}$$

若一个人的逃生时间是 10s，逃生距为 15m，则其等效逃生速率为 1.5m/s。

针对大震或者巨震，地震逃生可以分为 3 个阶段，第一阶段为反应期，人员从感受到地震至准备地震逃生的时间段，其逃生距为 S_1，S_1=0，时间长为 t_1；第二阶段为逃离期，逃离期可分为第一逃离期和第二逃离期；其中第一逃离期是人员从准备地震逃生至最高逃生速度 的时间段，其逃生距为 S_{2a}，为逃生加速期，时间长为 t_{2a}；第二逃离期是人员从最高逃生速度至人员无法移动，其逃生距为 S_{2b}，为逃生减速期，时间长为 t_{2b}；第三阶段为等待期，人员无法移动的时间段，其逃生距为 0，时间长为 t_3。中小地震的逃生通常是上述逃生过程的简化，例如，对于小地震，逃生人员反应期时间 t_1 很长，直至地震结束都没有逃离，只有 t_1 时间段，见图 3-9。

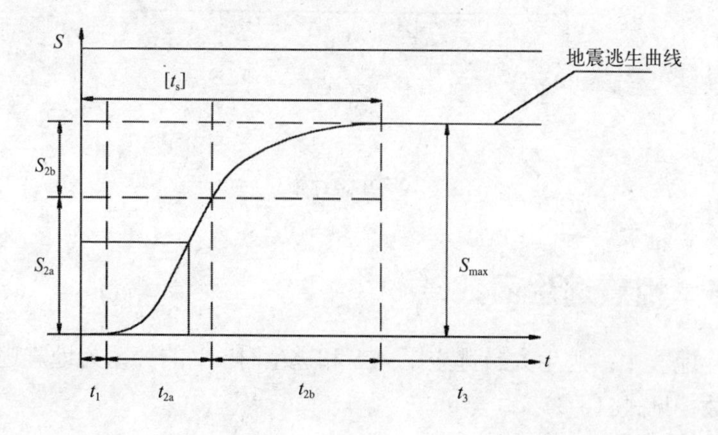

图 3-9　地震逃生函数

3.6 安全函数

为了有效地判断逃生方法的可行性，需要引入地震逃生的安全函数 F（简称安全函数），见式（3-5）。

$$F(t)=[t_s]-t_s \tag{3-5}$$

式中 t_s 是逃生时间，逃生者按照一定的逃生方法从所在位置到目标安全区的时间；$[t_s]$ 是安全时间，逃生者按照一定的逃生方法从准备逃生到无能力继续逃生的时间。

安全函数可以反映该逃生方法的可行性。

$$当 F(t)\geqslant 0 时，即 [t_s]\geqslant t_s \tag{3-6}$$

逃生者选择的逃生方法是可行的，在 $[t_s]$ 内，逃生者可以到达目标安全区。

$$当 F(t)<0 时，即 [t_s]<t_s \tag{3-7}$$

逃生者选择的逃生方法是不可行的，在 $[t_s]$ 内，逃生者不能到达目标安全区。

$[t_s]$ 是一个高度非线性的值，与地震、环境和逃生者个体均有关，范围可以从几秒到若干年。例如，当逃生者位于抗震性能很差的房屋中，$[t_s]$ 往往只有几秒；地震是微小地震时，逃生人员一直有逃生能力，$[t_s]$ 可以年为单位计算，逃生人员是刚出生不久的婴儿，如果没有外力帮助，$[t_s]=0$。

为了便于判断，也可采用安全度 K 的概念，参见式（3-8）：

$$K(t)=\frac{[t_s]}{t_s} \tag{3-8}$$

式中：$K(t)$ 为地震逃生的安全度函数，简称安全度。

$K(t)\geqslant 1$，说明该逃生方法可行；$K(t)<1$，说明该逃生方法不可行；当 $K(t)\geqslant 1$ 时，$K(t)$ 越大，说明采用该逃生行为的相对剩余时间越多。

3.7 模拟逃生实验

由于地震的不可重复性和复杂性，目前尚无非常好的地震模拟逃生试验设备和实验方法。作者（2009）针对农村单层砌体房屋进行了初步的模拟逃生实验。

农村单层砌体房屋特点是：①农村单层砌体房屋抗震性能差，在地震中易破坏或者倒塌，室外有较安全的空地；室内通常为V级或IV级安全区，室外通常为I级或II级安全区；② 房屋进深小，一般情况下，逃生者到室外的逃生距 $S \leqslant 10$m；③室内外高差小，易于逃生；④ 农村居民人口密度低，易于逃生。

针对这些特点，在该实验中针对农村单层砌体房屋作出以下假定：

（1）地震纵波到来时不会导致房屋倒塌，逃生者开始准备逃生；

（2）地震横波到来时房屋倒塌，逃生者无能力继续逃生。

这样对于农村单层砌体房屋可以认为 $[t_s]$ 等于地震纵波到来与地震横波到来之间的时间差，通过一系列不同条件下的逃生试验来确定 t_s，求出不同条件下安全函数的值，进而判定不同逃生方法的可行性。

具体逃生试验设计如下：

（1）安全目标为III级，目标安全区为室外；

（2）被测试人员的逃生距为10m，听到“地震”口令后，被测试人员从室内迅速逃到室外；

（3）逃生之前，被测试人员采取坐姿；

（4）房屋门分为关闭和开敞两种状态；

（5）假定 $[t_s]$ 等于地震纵波到来与地震横波到来之间的时间差；

（6）每组被测试人员为5人，每人测试5次；

（7）被测试人员分为中青年组和老年组。试验测试结果见表3-3～表3-8。

第1组时间测试表（中青年，男，中快跑，门敞开）　表3-3

被测试人员编号	t_{s1}（s）	t_{s2}（s）	t_{s3}（s）	t_{s4}（s）	t_{s5}（s）
1	7.32	7.68	7.87	8.01	8.15
2	8.01	8.13	7.98	8.32	7.95
3	8.11	8.23	8.38	8.07	8.24
4	7.88	7.32	7.99	8.01	7.83
5	7.68	7.91	8.11	7.99	7.88

注：t_{si}，第i次逃生时间。

第2组时间测试表（中青年，女，中快跑，门开敞）　表3-4

被测试人员编号	t_{s1}（s）	t_{s2}（s）	t_{s3}（s）	t_{s4}（s）	t_{s5}（s）
1	8.23	8.24	8.11	8.78	8.69
2	8.53	8.49	8.37	8.42	8.39
3	8.18	8.01	8.23	8.17	8.11
4	8.10	8.03	8.07	8.23	8.37
5	8.42	8.17	8.39	8.49	8.69

第3组时间测试表（中青年，男，中快跑，门关闭）　表3-5

被测试人员编号	t_{s1}（s）	t_{s2}（s）	t_{s3}（s）	t_{s4}（s）	t_{s5}（s）
1	8.82	9.01	9.02	9.13	9.3
2	9.51	9.53	9.46	9.48	9.36
3	9.51	9.98	9.65	9.37	9.78
4	9.40	8.99	9.43	9.39	9.21
5	8.93	9.11	9.50	9.21	9.13

第4组时间测试表（中青年，女，中快跑，门关闭） 表3-6

被测试人员编号	t_{s1}（s）	t_{s2}（s）	t_{s3}（s）	t_{s4}（s）	t_{s5}（s）
1	10.01	9.99	10.12	10.32	10.13
2	10.01	9.99	10.12	10.32	10.13
3	9.76	9.53	9.67	9.59	9.63
4	10.03	9.53	9.49	9.28	9.40
5	9.39	9.29	9.35	10.14	10.50

第5组时间测试表（老年，男女混，门开敞，快步走） 表3-7

被测试人员编号	t_{s1}（s）	t_{s2}（s）	t_{s3}（s）	t_{s4}（s）	t_{s5}（s）
1	12.41	12.70	12.30	12.78	12.65
2	12.39	12.72	12.32	12.68	12.55
3	12.35	12.70	12.30	12.65	12.40
4	12.05	12.13	12.20	12.01	12.07
5	11.98	11.85	12.08	12.13	12.20

第6组时间测试表（老年，男女混，门关闭，快步走） 表3-8

被测试人员编号	t_{s1}（s）	t_{s2}（s）	t_{s3}（s）	t_{s4}（s）	t_{s5}（s）
1	14.50	14.80	15.00	14.78	14.50
2	14.48	14.82	14.85	14.53	14.29
3	14.55	14.75	14.80	14.38	14.08
4	13.98	14.00	14.05	13.98	13.99
5	13.05	13.12	13.58	13.55	13.70

当 S=10m，$[t_s]$=10s 时，可求出各组的安全函数 F，以第一组为例，结果见表 3-9。

第1组安全函数表（中青年，男，中快跑，门敞开） 表3-9

被测试人员编号	F_{s1}（s）	F_{s2}（s）	F_{s3}（s）	F_{s4}（s）	F_{s5}（s）
1	2.68	2.32	2.13	1.99	1.85
2	1.99	1.87	2.02	1.68	2.05
3	1.89	1.77	1.62	1.93	1.76
4	2.12	2.68	2.01	1.99	2.17
5	2.32	2.09	1.89	2.01	2.12

注：F_{si}，第i次的安全函数值。

F_{si}>0，说明用该种逃生方法是可行的，同理可求出其他组的安全函数值或者安全度函数值，进而判断该组逃生方法的可行性。

对上述各组试验数据可求出其逃生试验的平均值和标准差，可得表 3-10、表 3-11。

试验结果统计表（门开敞） 表3-10

被测试组编号	$\overline{t_s}$（s）	St_s	$t_{Si\,max}$（s）	$t_{Si\,min}$（s）
1	7.962	0.258	8.38	7.32
2	8.316	0.213	8.78	8.01
5	12.344	0.273	12.78	11.85

注：$\overline{t_s}$每组逃生时间的平均值，St_s为每组逃生时间的标准差，$t_{Si\,max}$该组最长逃生时间，$t_{Si\,min}$该组最短逃生时间。

从表 3-10 可知，当门开敞时，对于中青年组，女子组较男子组的$\overline{t_s}$多 0.354s，增加了 4.4%；老年组较男子中青年组的$\overline{t_s}$多 4.382s，增加了 55.0%；男女中青年组的 t_{Si} 均小于 8.80s。

试验结果统计表（门关闭） 表3-11

被测试组编号	$\overline{t_s}$（s）	St_s	$t_{Si\,max}$（s）	$t_{Si\,min}$（s）
1	9.328	0.2749	9.98	8.93
2	9.778	0.3508	10.50	9.28
6	14.244	0.5420	15.00	13.05

从表 3-11 可知，当门关闭时，对于中青年组，女子组较男子组的$\overline{t_s}$多 0.45s，增加了 4.8%；老年组较男子中青年组的$\overline{t_s}$多 4.916s，增加了 52.7%；男女中青年组的 t_{Si} 均小于 10.50s。

房屋门的开关状态对逃生时间的影响显著，对于中青年（男）组，$\overline{t_s}$增加了 1.366s，增加了 17.2%；对于中青年（女）组，$\overline{t_s}$增加了 1.462s，增加了 17.6%；对于老年组，$\overline{t_s}$增加了 1.90s，增加了 15.4%。

综上可以看出地震逃生方法与地震的安全目标、逃生距、地震、逃生个体的状态均有关系，尽管上述实验仍然无法直接用于确定逃生方法，但是各因素对逃生时间的影响大小是有价值的，可以初步得出以下结论：

（1）男女性别差异对 t_s 的影响不大；

（2）不同年龄段对 t_s 的影响较大；

（3）房屋门的关闭状态对 t_s 的影响较大；

（4）$[t_s]$ 对 F_{si} 的值影响很大，它综合反映了地震和逃生者所在环境的抗震性能。

由这个实验可以看出地震逃生是一个非常复杂的问题，仅是门的开闭状态就有可能对地震逃生产生较大影响，还需要对更多的影响因素作出更深入的研究。

国家地震局官方网站介绍的地震逃生方法:“蹲下,寻找掩护,抓牢”是有局限的,通常适用于所在位置不会坍塌且没有空中坠物的环境,灾害决定逃生,对于砌体房屋等可能倒塌的房屋空间环境,把目标安全区设置为室外,迅速逃离到室外是科学的逃生方法。

科学地震逃生

地震灾害是复杂的，地震逃生又涉及逃生人员这一个要素，所以地震逃生是一个非常复杂的问题，迄今为止地震逃生方法尚缺乏系统化，本章在以前的基础上提出了综合地震逃生法，并介绍了综合逃生法的 4 要素。

◇ 博尔特冲刺姿势在地震逃生中有什么不足?

博尔特 Usain Bolt 是世界短跑冠军，创造下了 9.58s 的 100m 世界纪录，在冲刺时挺胸抬头是其经典动作，参见图 4-1。如果在地震逃生中采用博尔特冲刺姿势有什么不足?

图 4-1　冲刺到终点的博尔特（图片来自网络）

4.1 地震逃生方法简介

地震逃生是非常不成熟的，目前比较流行的有以下逃生方法。

4.1.1 伏而待定法

1556年华县大地震后秦可大在《地震记》中总结的经验：“卒然闻变，不可疾出，伏而待定，纵有覆巢，可冀完卵”。意思是说：“当大地震来时，突然间听到异常变化，不可立即跑出，最好就近找安全角落，如柜或土炕的一侧，趴在地上，即使房屋倒塌，也可希望保存性命。”一些专业抗震的书籍和网站上采用了类似的观点，如国家地震局官方网站介绍的地震逃生方法：蹲下，寻找掩护，抓牢——利用写字台、桌子或者长凳下的空间，或者身子紧贴内部承重墙作为掩护，然后双手抓牢固定物体等[42]。

4.1.2 生命三角法

道格拉斯（Douglas Copp）针对伏而待定法提出了不同见解，他认为：

（1）当建筑物倒塌时，几乎每个只是简单地“躲进掩蔽物下面寻求掩护”的人都被压死了。那些躲藏到一些物体，如桌子或汽车下面的人被挤压变形。

（2）可以在一个很小的空间里存身。靠近一个沙发或体积较大的物件，这样当它们受到轻微挤压时，仍会在它旁边的地方留下一个空间——“生命三角区”。

（3）在地震中，木质建筑物作掩体最安全。木头有弹性，可以随地震一起移动。如果木质建筑物倒塌，也会留出很大的生存空间。而且，木质材料密度和重量都比较小。

（4）如果晚上发生地震时正在床上，应立即滚下床。在床的周围会形成一个安全的空间。

(5) 如果地震发生时无法轻易从门或窗口逃离，那就在靠近沙发或大椅子的旁边躺下，然后像腹中的胎儿一样蜷缩起来。

(6) 当大楼倒塌时，几乎每个在门口的人都死亡了。

(7) 千万不要走楼梯，楼梯与建筑物震动的频率不同（他们和建筑物的主体并不同步震动）。楼梯和大楼的残余结构不断地发生碰撞，直到楼梯变形、断裂。楼梯上的人在掉下前会被楼梯的台阶割断，这是很恐怖的毁伤！即使没有被震倒，也可能会因为承受过多的尖叫着逃生的人而坍塌。所以，即使建筑物的其他部分没有受到损害，也应该首先检查楼梯的安全。

(8) 尽量靠近建筑物的外墙或离开建筑物。靠近墙的外侧远比内侧要好。越靠近建筑物的中心，逃生之路被阻挡的可能性就越大。

(9) 在地震时，当上面的路（指高架桥、路）坠落时，车会被挤压变形，车内的人也会被挤在里面。

(10) 如果有条件的话，可以用装在箱子里的成堆的（报）纸来阻止倒塌的房子挤压。

4.1.3 其他逃生建议

也有一些其他的逃生建议，例如：

地震来了，不要跑到楼梯间；地震来了，不能往外跑，高空坠物可能击伤人……

4.2 逃生思路

式（3-5）是地震逃生安全函数，可以判断地震逃生方法的可行性，只有当 $F(t) \geqslant 0$ 时，相应的地震逃生方法才是有效的。逃生的基本思路就是：①增加地震逃生安全时间 $[t_s]$，②减少地震逃生时间 t_s；从而使得满足式（3-5）的要求，实现较高的地震逃生成功率。

第一种方式是增加地震逃生安全时间，由于目前人类还无法简单地人工控制地震，提高地震逃生安全时间的范围是非常有限的。

地震具有瞬时性，是在短时间内造成巨大灾害的自然力量，其持续时间是以分钟和秒为计算单位的。一次地震持续时间通常为一分钟左右，较长的地震持续也就 3 分钟左右，世界上持续最长的地震为 1964 年阿拉斯加地震，约 7 分钟。

第二种方式就是减少地震逃生时间 t_s，这主要需要提高环境安全等级或者人员逃生技能，可以通过培训等方式来实现，是目前提高地震逃生成功率的重点。例如，可以整体提高中小学校的抗震安全等级，使得房屋在地震中不发生倒塌，从而缩短地震逃生距离，有效地提高地震逃生成功率。

根据公式（4-1），减少地震逃生时间有两种思路，①提高等效逃生速度，主要是通过提高逃生效率来实现；②缩短地震逃生距离。

$$t_s=\frac{S}{V_e} \tag{4-1}$$

4.3 提高逃生效率

提高逃生效率是缩短地震逃生时间的主要方式，有以下三种措施：① 提高地震短临预报的精度，提前给震区人员警报，及早采取人员疏散、转移等措施；②对地震监测，监测到地震之后，立即进行预警，采取逃生措施；③进行地震逃生培训；参见图 4-2。

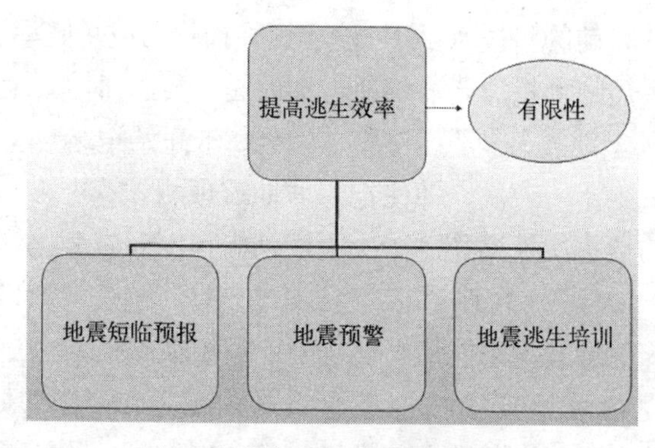

图 4-2 提高地震逃生效率的措施

4.3.1 地震短临预报

地震短临预报是通过短临预报使得逃生人员提前应对，例如减少在抗震安全性低的房屋内的活动时间，加强地震来临时的警惕，缩短地震逃生时间。

该方法的优点是如果预报成功，可以有效地保护逃生人员生命，适当减少财产损失。

1975年2月4日19点36分发生的我国辽宁海城地震，震级是7.3级，震源深度16.21km，震中烈度为9度强，震中区面积为760平方公里，区内房屋及各种建筑物大多数倾倒和破坏，铁路局部弯曲，桥梁破坏，地面出现裂缝、陷坑和喷沙冒水现象，烟囱几乎全部破坏。由于震前进行了预测，并采取了应对措施，有效地减少了人员伤亡，全区人员伤亡共18308人，仅占7度区总人口数的0.22%，其中，死亡328人，占总人口数的0.02%，重伤4292人，轻伤12688人，轻重伤占总人口数的0.2%。远低于同时代国内其他未实现预报的7级以上的大地震，如邢台地震、通海地震、唐山地震的人员伤亡率分别为14%、13%、18.4%。如处于地震烈度9度区的大石桥镇，共有居民72000人，震时房屋倒塌67%，但只死亡21人，轻伤353人。[43] 这次地震短临预报有效地减少了人员伤亡，并减少了一些经济损失。

可是在目前的科技水平下，地震短临预报的成功概率仍然很低。严格的地震短临预报需要准确地告知地震三要素：时间、地点、震级。全球5级以上地震每年约千次，从1900年开始记起，全球5级以上地震约发生十一万次，即使把海城地震预测计算进去，成功进行短临预报的地震次数不超过十次，成功概率不到万分之一。汶川地震（2008，8.0级，中国汶川）、日本“3·11”地震（2011，9.0级，日本沿海）等地震均未能给出准确的地震短临预报。

即使是海城地震预报也存在质疑，在2008年2月4日零时30分向省政府提交的《地震情报》第14期中，明言“震级尚在不断加大”和“很可能后面有较大地震”，这些被宣布为海城地震的临震预报。严格地说这个预报缺乏震级这一关键要素，不能称为地震预报。[44]

目前暂时可以认为地震短临预报远未达到实用阶段，距离天体运行规律的精度差异很大。

4.3.2 地震预警[45]

地震预警是指国家根据有关地震预报信息，正式发布有关命令,采取措施应对可能到来的地震灾害。世界上常用的是预警模式，建立分级、分区预警模式既有助于减少地震造成的伤害又可减少谣言造成的恐慌，根据国内外经验，该方法比较有效[46, 47]。我国有自己的预警机制，地震预报和预警均由政府统一发布。

日本于2007年启用被称为“紧急地震速报”的全球地震早期预警系统,利用“地震中纵向振动的P波速度快于横向振动的S波”这个原理，在大地震横向振动前的数秒至数十秒之前，警告有关部门居民及时采取防灾和避难措施。为了减少火灾等次生灾害，这套预警系统发出的警报将首先传至火车、煤气公司等相关部门。该系统为免费服务，普通民众也能通过手机等方式收到这样的警报。在2007年7月16日新潟县中越海域发生的地震中，收到地震警报的铁路和建筑部门分别紧急停运列车，中止起重机作业等，基本采取了正确的应对措施[48]。在2008年宫城岩手地震中在主震到达前21秒向一所中学发出预警，从而使100多名师生得以及时疏散。日本“3·11”地震（2011，9.0级）该系统也发挥了一定作用。

目前的地震预警决策是建立在对大量小震记录分析基础上，这一方法能否有效识别大震的P波并准确判断地面运动强度，还是需要进一步的检验。P波和S波的间隔很短，一般约在10s之内，需要完成发短信、收到短信、打开手机、看短信、出逃一系列行动，该系统尽管对次生灾害预防有一定效果，但是对地震逃生是否真正有效还需要进一步检验。由于我国地质条件和社会条件远较日本复杂，此类系统对我国防震作用更为有限。目前，我国尚没有类似日本“紧急地震速报”的地震早期预警系统，本方法尚无法用于指导我国居民逃生。

4.3.3 地震逃生培训

根据统计，地震发生时采用正确的逃生方法和错误的逃生方法相比较，逃生人员的存亡率差异可高达 30% 左右。没有受过地震逃生培训的人员在地震中由于恐慌等因素，可能采取完全错误的逃生方法。对逃生人员进行地震逃生培训，使得地震来临时，逃生人员能够正确应对，从而提高逃生的效率，缩短逃生时间。但地震逃生培训存在优缺点，具体如下：

（1）优点是这种方式有一定效果，而且成本较为低廉，可以结合逃生人员的具体情况，通过网络、电视、书籍、讲座及演习等方式进行各种培训。例如日本经常举行防震减灾培训，不但可以提高地震逃生成功率，而且能够有效地减少逃生人员的心理伤害。

（2）问题是影响地震逃生人员逃生效果的因素复杂多样，人员个体素质差异很大，至今尚缺乏一套系统、完整的逃生理论和实用指南，网络上流传的部分逃生理论甚至是错误的。即使是地震逃生应对相当成熟的日本，在日本“3·11”地震中，由于发生了超大海啸，远超过逃生人员所设想的，尽管有预警，仍然造成了严重伤亡，造成 14063 人死亡、13691 人失踪[49]。

综上所述，对于我国而言，地震短临预报、地震预警这两种技术目前几乎是无效的，通过地震逃生培训，掌握科学的地震逃生知识有一定效果，能够有效地减少地震逃生人员的心理伤害。但是上述 3 种技术措施对提高地震逃生成功率的效果都是有限的，而且很难减少财产损失。例如海城地震，尽管多数人员逃生成功，但是仍然有相当一部分人未能成功逃生，其中死亡 328 人，重伤 4292 人，轻伤 12688 人，财产损失严重。根据相关资料统计，海城地震造成城镇各种建筑物破坏占原有总面积的 12.8%，公共设施破坏更为严重。城镇房屋共损坏 500 万平方米，城镇公共设施被破坏 165 万平方米，农村房屋损坏 1740 万平方米，城乡交通水利设施破坏 2937 个；总共折合人民币 8.1 亿元。城镇和工业震害所占比重较大，两者相比，城镇占总损失的 61%，农村占 39%。[43] 这种经济损失等是无法通过地震逃生来避免的。

4.4 缩短逃生距离

缩短逃生距离是缩短地震逃生时间的另外一种思路，有两种方法，①整体提高法；②避难单元法，参见图 4-3。

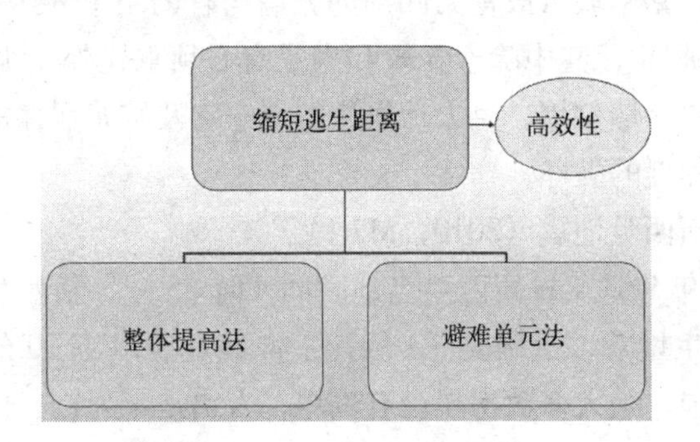

图 4-3 缩短逃生距离的措施

4.4.1 整体提高法

整体提高法是通过全面提高房屋及工程的抗震设防水准，实现“小震不坏、中震可修、大震不倒”的性能目标，从而达到缩短地震逃生距离的目的。例如，我们把核电站划分为甲类建筑物，进行特殊抗震设防要求，全面提高其抗震设防能力。下面是两个典型的地震案例。

(1) 大厂地震（1679，M8.0）[50]

1679 年 9 月 2 日 03 时，河北省大厂县夏垫镇发生 8.0 级地震。

河北省三河和北京市平谷、通县一带"城郭尽倾圮","毙者成丘山,存者愁卯累",受灾最为严重。三河县城垣房屋存者无多,全城只剩房屋 50 间左右未倒。地面开裂，黑水兼沙涌出。县城西 15 公里处的柳河屯一带地面下沉 0.7 m，县城西北的东务里一带地面下沉 1.7 m，县城北的潘各庄一带地面下沉达 3.3 m。通县城市村落尽成瓦砾，城楼、仓厂、儒学、文庙、官廨、民房、寺院无一幸存，1670 年重修的名胜"燃灯古佛舍利宝塔"(高 90 余米)被震毁。周城地裂，黑水涌出丈许，小米集地裂出温泉。全县死亡 1 万余人。地震时，安定门、德胜门、西直门城楼被震坏，长椿寺、文昌阁、精忠庙等 9 处寺庙及 13 处衙署遭破坏，北海白塔亦遭破坏。紫禁城（故宫）四周的城墙均有倒塌，故宫内有 31 处宫殿遭到破坏，其中除奉先殿和太子宫必须重建外，康熙皇帝居住的乾清宫房墙倒塌，皇太后居住的慈宁宫及嫔妃居住的宫殿等都遭到不同程度的破坏。

（2）新西兰地震（2010，M7.1）[52]

2010 年 9 月 4 日新西兰当地时间 4 时 35 分，新西兰克赖斯特彻奇市发生地震，震级是 7.1 级，震源在地表以下 10 公里处，部分房屋受损，绝大多数房屋没有倒塌，人员是零死亡，仅有少量人员受伤。

从大厂地震可知，建筑物整体破坏，人员和财产损失严重；从新西兰地震可知，整体提高房屋抗震性能之后，能够有效地提高人员生存率。整体提高法是提高地震逃生成功率最有效的手段之一，但同时存在优缺点。

优点是不但有利于提高地震逃生成功率，而且能够较大限度地减少次生灾害，保护居民财产。日本、美国、新西兰等国家主要采用这种方式进行防震减灾，美国加州是地震多发区，其大部分地区按照 9 度进行设防。目前的技术能够实现 8 度设防、9 度设防目标。

缺点是需要较多的经济投入和一定的技术水平，例如在 1679 年，不可能做到 9 度设防的，技术上实现不了。目前虽然在技术上能够实现8度、9度设防能力，但是经济上需要较大数量的投入，即使按照汶川地震后重新修订的2010年版建筑抗震设计规范，国内大部分城市是6度区、7度区，广大农村是非设防区，按照9度进行设防的地区非常少。把大多数地区的房屋抗震设防烈度从6度、7度提高到8度、9度需要大量的经济投入，目前是有难度的，广大建筑物不可能像核电站一样按照甲类建筑物进行抗震设防。整体提高法难以解决非结构物伤害人员的问题，新西兰地震中人员伤害主要是非结构物倒塌破坏造成的，例如家具等造成的人员伤害。我国最新使用的抗震标准是《建筑抗震设计规范》GB50011-2010，其抗震设防烈度标准基本同2001年通过的《建筑抗震设计规范》GB50011-2001，提高是有限度的。

4.4.2 避难单元法

大自然不搞平均主义！大自然总是在最重要的地方投入最多的资源。猫是一种生命力极强的动物，有一句俗话："猫有九条命"，对于猫而言，大脑远较其他部位重要，经过大自然的进化选择，猫脑袋部分的骨骼比例远大于其他部位，从而有效地保护猫的生命，参见图4-4。其他动物也是如此，脑袋部分的骨骼比例远大于其他

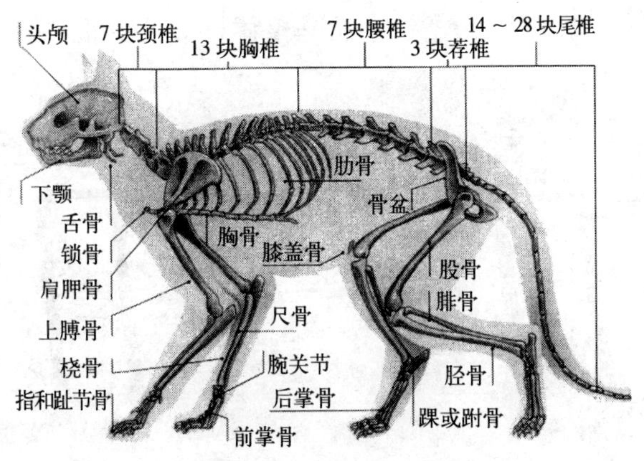

图4-4 猫的骨骼分布示意

部位。这对防震减灾有一定启发作用，在整体均衡的前提下，对建筑物的重要部位给予重点保护。

从地震逃生角度出发，本书作者把房屋分为地震避难单元和非地震避难单元。地震避难单元和非地震避难单元均需要满足“小震不坏、中震可修、大震不倒”的性能目标，对于设防巨震，地震避难单元需要满足“巨震（避难单元）不倒”的性能目标，允许非地震避难单元的结构构件和非结构构件在巨震中破坏或者局部倒塌，不允许地震避难单元的结构构件在设防巨震中倒塌或者局部倒塌，不允许地震避难单元内部发生非结构构件倒塌或者火灾等次生性破坏。地震来临时，逃生人员可转移到地震避难单元，从而减少人员伤亡和财产损失，参见图4-5～图4-7。避难单元就是建筑物的“脑袋”！一般情况下，避难单元的面积可小于建筑物的面积，当需要时，可取避难单元的面积等同建筑物整体面积，避难单元法就等同于整体提高法。从某种角度来看，整体提高法是避难单元法的一个特例，避难单元法是整体提高法的推广。

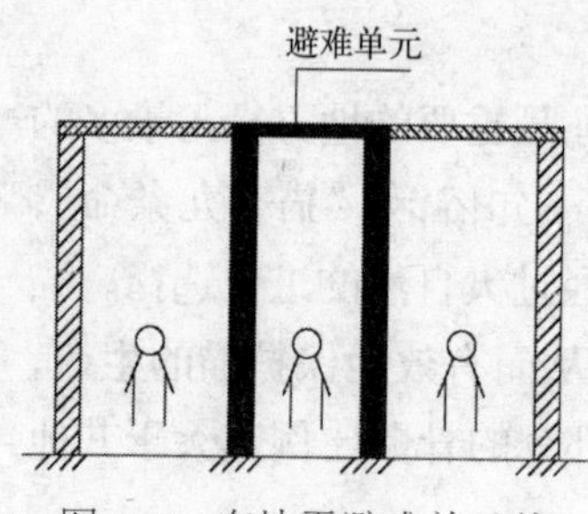

图 4-5 有地震避难单元的房屋在正常使用

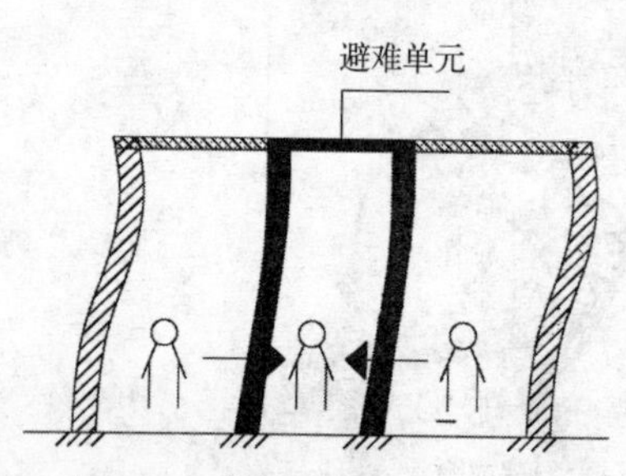

图 4-6 地震中，人员逃生到地震避难单元中

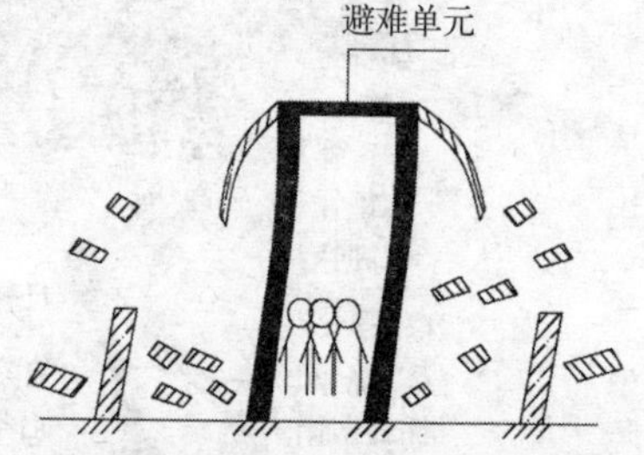

图 4-7 巨震中，避难单元不倒，人员得到保护

避难单元法可以应用到砌体房屋、框架房屋、框架剪力墙房屋等各种结构形式。地震避难单元根据可能发生的逃生人员数量、安全目标、逃生距离、逃生方式、建筑功能、结构布置等因素综合确定。例如，砌体住宅中可把卫生间（或客厅）和楼梯间设计为地震避难单元。参见图 4-8。

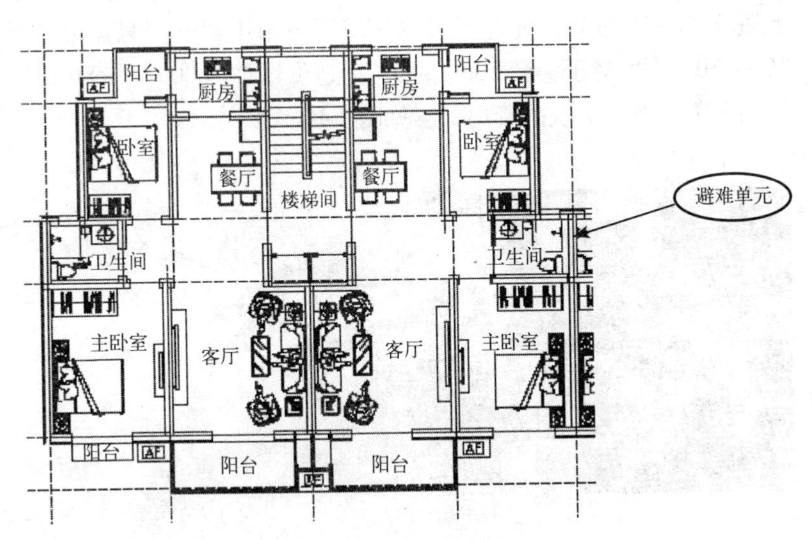

图 4-8　避难单元法在砌体住宅中的应用

对于教学楼，教室中人员众多，逃生困难，办公室人员较少，逃生较为方便，安全等级要求比较高，可以选择每一个教室均作为地震避难间，如图 4-9 所示。

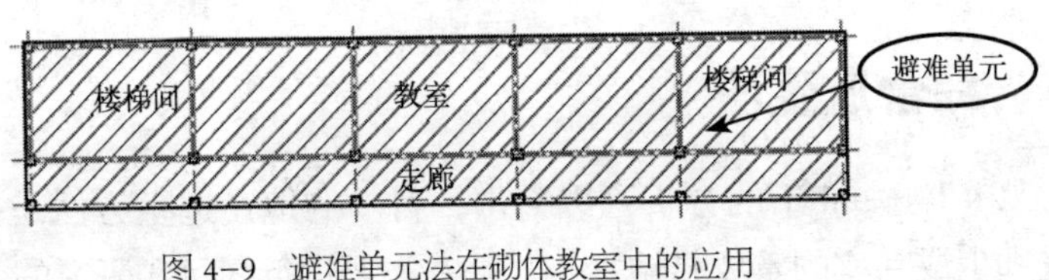

图 4-9　避难单元法在砌体教室中的应用

避难单元法是适应我国目前现状的重要技术，已经在最新的《建筑抗震设计规范》GB50011-2010 中得到了体现，该规范从 2010 年 12 月 1 号即在全国范围开始实施。这种技术的优点是通过只增加少数重要单元的抗震能力，从而实现对人员和财产的保护，增加成本较少，根据对砌体住宅的统计，如果采用圈梁构造柱对避难单元进行加强，工程造价基本上等同原先的工程造价，倘若采用钢筋混凝土筒体对避难单元进行加强，每平方米工程造价只需要增加 20 ~ 30 元钱，对于一套 $50m^2$ 的房屋，造价增加 1000 ~ 1500 元钱，相当于一件羊皮大衣的费用，参见图 4-10。

图 4-10　生命与大衣（图片来自网络）

缺点是对减少财产损失的作用是有限的，而且目前大多数已有建筑物没有设置地震避难单元，只有新建建筑物才可能设置避难单元，已有建筑物需要加固改造之后才能设置避难单元。

综上所述，对于我国而言，整体提高法和避难单元法均是相当有效的提高逃生成功率的方法，而且能够减少一定的财产损失。

4.5　综合逃生法

从 4.1 ~ 4.4 节的分析可以看出，科学的地震逃生方法是提高地震逃生成功率的重要措施之一，是有必要进行探讨和研究的。

地震逃生是一个非常复杂的问题，任何一种逃生方法均有成功的概率，但同时任何一种逃生方法也有失败的概率。我国邢台地震、通海地震、唐山地震的人员伤亡率分别为14%、13%、18.4%，这说明仅仅依靠本能逃生方式，人员的生存概率可高达80% ~ 85%。

综合考虑具体的环境、地震逃生人员状况、安全目标等各方面因素，确定具体的逃生安全目标区，选择合适的逃生路径和逃生流程，采用正确的逃生行为，得到成功概率比较高的地震逃生方法，称为综合逃生法（the escape method based on the total cases，EMBTC 法）。综合逃生法的 4 要素是目标安全区、逃生路径、逃生流程、逃生行为。

综合逃生法有以下基本理念：

（1）综合逃生法的重心是震前准备。

综合地震逃生法的指导原则是通过地震逃生培训和缩短地震逃生距离来提高地震逃生成功率，实现它的关键在于震前做好准备工作，如确定目标安全区等。

（2）综合逃生法是具体的。

具体的环境、地震、逃生人员决定了具体的灾害和逃生安全目标，所以针对不同的情况，人员需要采取不同的地震逃生方法和措施。地震逃生没有万能仙丹。

（3）综合逃生法不是唯一的。

在本书中，综合逃生法只给出建议方法，该方法只是成功概率相对较高的逃生方法，不是唯一的逃生方法。

4.6 目标安全区

如 3.2 节所述，在地震中，逃生人员的安全目标不同，可以分为 A、B、C、D 四个等级，不同的范围其安全等级不同，按照 3.3 节分类，安全区可分为 I、II、III、IV、V 级；在地震逃生中，根据逃生目标确定的安全区即目标安全区。

综合逃生法假定地震来临时，逃生人员总是追求更高的安全目标，逃向安全等级更高的安全区。如果逃生人员所在区域安全等级较低，能够实现C级安全目标，该人员有可能受到轻伤，他本能地追求实现更高的安全目标，B级或者A级安全目标。

目标安全区的确定非常复杂，与所在的具体环境和人员状态等有关，详见第5章~第8章。根据目标安全区的不同，可以分为以下几种类型。

4.6.1 室内原地

目标安全区是室内原地，适用于房屋结构安全等级比较高，在地震中不倒塌，且无重大坠物，当逃生人员处于特殊状态时，如重病在身，无法移动。

优点：逃生时间最短。

缺点：对房屋结构有较高的安全性要求。

4.6.2 室内三角区

目标安全区是室内三角区，适用于房屋结构安全等级比较差，在地震中可能倒塌的情况。逃生人员根据地震中房屋结构倒塌破坏的规律，移动到可能产生的三角区，例如内部承重柱侧边。

优点：逃生时间较短。

缺点：难以准确判断室内三角区。

4.6.3 室内避难间

目标安全区是室内避难间，适用于房屋结构安全等级比较差，在地震中可能倒塌，但是可能存在完整的空间，逃生人员移动到该完整空间。例如，砌体结构的卫生间。

优点：逃生时间较短。

缺点：难以准确判断室内避难间。

4.6.4 室外原地

目标安全区是室外原地，适用于室外安全等级较高，或者逃生人员处于特殊状态。

优点：逃生时间最短。

缺点：安全性较差，有可能被空中坠物等击中。

4.6.5 室外安全岛

目标安全区是室外安全岛，适用于室外安全等级一般，有较多空中坠物或者倒塌物，安全区为孤立的小块面积。例如住宅小区室外。

优点：逃生时间较短，安全性高。

缺点：移动过程中可能被空中坠物击中。

4.6.6 室外安全带

目标安全区是室外安全带，目标安全区安全等级较高，面积较大，能够连成一片。例如：操场、公园空地。

优点：安全性最高。

缺点：需要较长的移动时间。

4.7 逃生路径

从逃生人员所在地点到目标安全区的路线即逃生路径。

由于地震及其灾害的复杂性，目标安全区和逃生路径需要提前研究确定，这样才能有效地减少地震灾害。

4.8 逃生流程 [115]

综合逃生法的逃生流程分为以下步骤，见图 4-11。

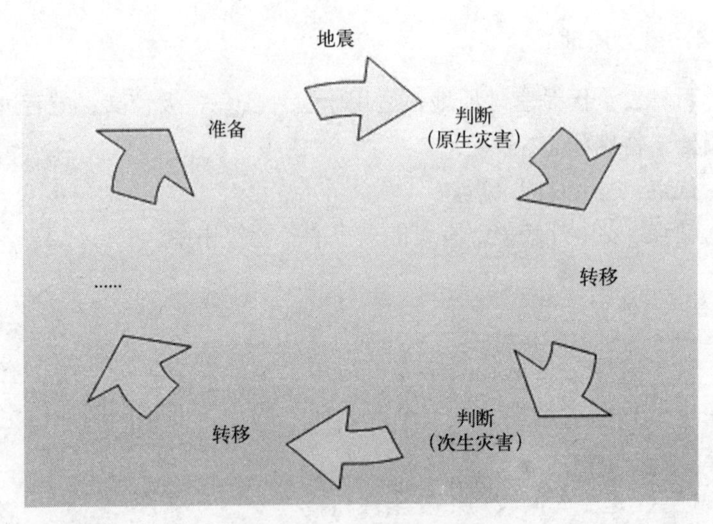

图 4-11　地震逃生流程

1. 准备

与其他工作不同，震前准备工作是地震逃生的重点。倘若采取有效的整体提高法或者避难单元法，可以大幅度地提高地震逃生成功率，典型的如新西兰地震（2010 年）。地震逃生培训是准备工作的重要方式之一。

2. 判断原生灾害

地震具有突发性，但是通常有“前奏曲”，纵波往往先到几秒至十几秒，这是地震的重要特征。在这短暂的时间要迅速判断自己的位置及其可能发生的原生灾害，选择合适的安全目标和目标安全区。

3. 第一次转移

转移到目标安全区。

4. 判断次生灾害

地震能够产生次生灾害，尤其是火灾等，可能带来比原生灾害还严重的后果。在应对完毕原生灾害之后，要立即判断可能发生的次生灾害，选择新的目标安全区和逃生路径。地震具有瞬时性，世界上最长的地震也只有 7 分钟，一般地震持续时间在 3 分钟内，但是地震往往有一系列的余震，1988 年丽江地震，在 13 分钟内先后发生了里氏 7.6 级和 7.2 级的强烈地震，在以后的两个多月强余震不断。所以通常 3 分钟后应立即向更安全的区域转移。

5. 第二次转移

转移到安全等级更高的目标安全区。

完成地震逃生之后，可积极参与其他行动，如：成立互救组织、展开互救、恢复通信联络、协助政府救援等。

下文是某学校的地震逃生演习案例：

“上午 8 时，随着警报声响起，总指挥 ×× 校长发出‘地震了’的信号，全体学生立即双手护头，蹲在课桌下、课桌旁。教室里的学生在班主任、任课教师的组织下进行了应急避震训练；在发出‘紧急疏散’信号后，各班在引导疏散组老师的组织指挥下，迅速而有秩序地撤离到操场安全地带”[53]。

这次演习有多处存在不足的地方，例如没有做好做相应的准备工作等，可参照本书所述方式进行改进。

4.9 逃生行为

根据地震来临时逃生人员采取的地震行为，可以划分为 4 种基本的地震逃生行动。

4.9.1 低蹲式护头

低蹲护头行动是应对地震的基本行为方式之一，可用于原地逃生等。

动作要领：①双腿屈膝，快速蹲下；②抱头紧缩，尽可能地缩成一团；③双臂夹紧头部，护住太阳穴；④双手紧扣，与双臂构成三角，与头顶空出间隙 5 ~ 20cm 距离；⑤地震中可侧向倒。参见图 4-12 ~图 4-16。

图 4-12　低蹲护头侧面

图 4-13　低蹲护头上部

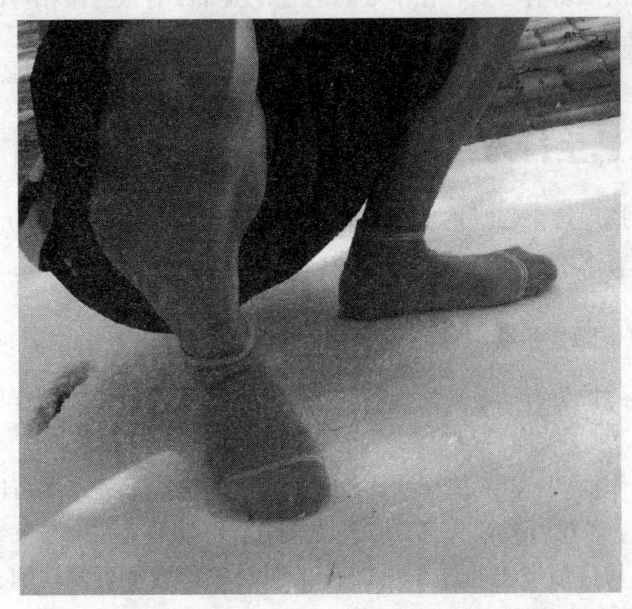

图 4-14　低蹲护头的下部

图 4-15　低蹲护头的正面倒下

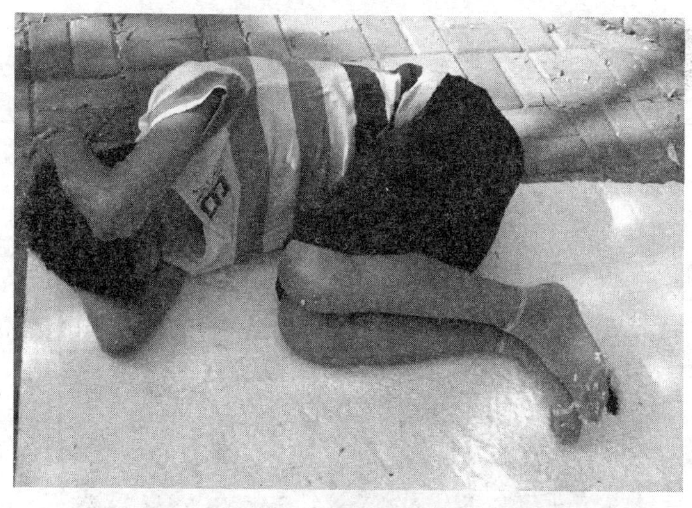

图 4-16　低蹲护头的侧面倒下（摄影：姚攀峰）

基本原理：通过降低重心，减少摔倒的概率；通过缩小体积，减少可能被坠物击中的概率；双臂夹紧头部，防止太阳穴被击中；

双手紧扣与双臂构成三角区，这样稳定性强，不易被破坏，且顶部与头部有空隙，倘若有坠物，可起到缓冲，减少冲击力。

低蹲护头常见的错误如图 4-17 ~ 图 4-22 所示。

图 4-17 所示的逃生人员双脚过于在一条直线上，容易在地震中摇摆倒下。

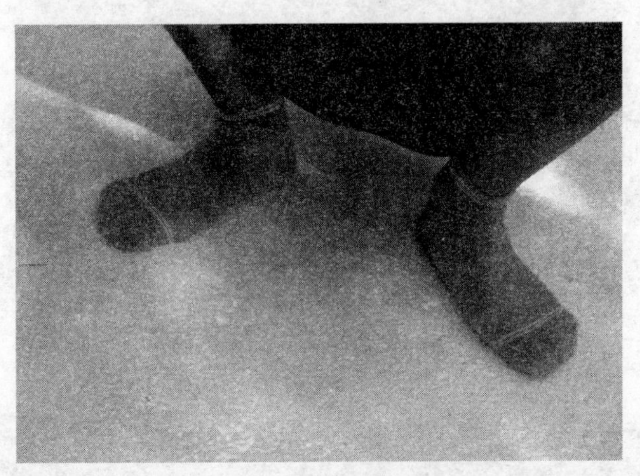

图 4-17 错误的动作 1（摄影：姚攀峰）

图 4-18 所示的逃生人员仰面倒下，受坠物的打击面大，且要害部位头部等无保护措施。

图 4-18 错误的动作 2（摄影：姚攀峰）

图 4-19 所示的逃生人员其手直接放到头部上，没有缓冲，对头部的保护作用很小。

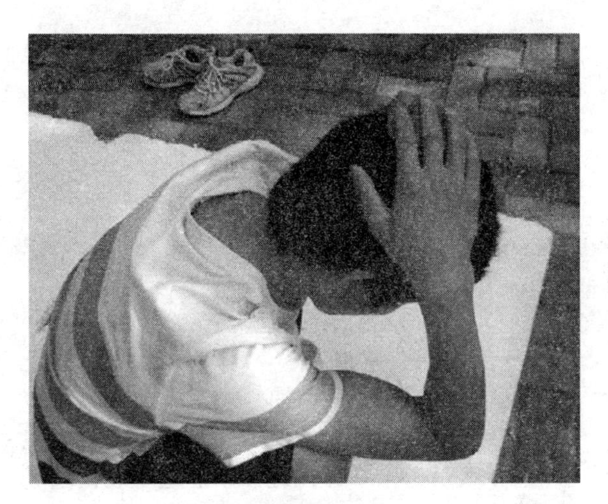

图 4-19　错误的动作 3（摄影：姚攀峰）

图 4-20 所示的逃生人员手直接保护颈部，未能保护太阳穴等要害部位。

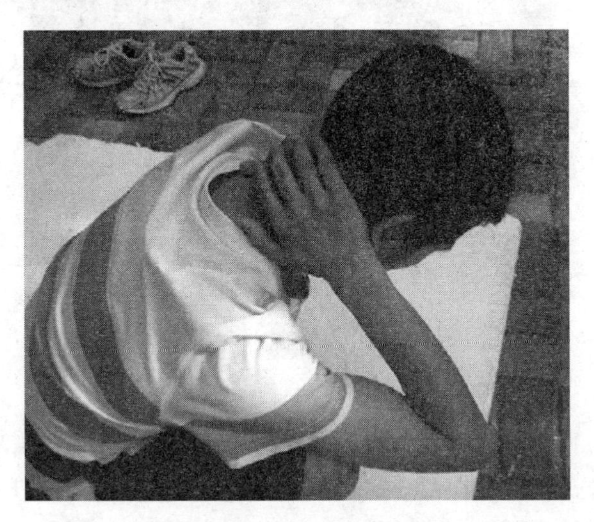

图 4-20　错误的动作 4（摄影：姚攀峰）

图 4-21 所示逃生人员的被打击面过大。

图 4-21 错误的动作 5

目前国内许多人员尚未掌握住这一基本逃生动作要领，图 4-22 是某学校地震逃生模拟，从图中可以看到，存在以下问题：

图 4-22 不正确的低蹲护头

（1）所有同学的双手均是搁置在头部，没有做到双臂与手构成三角区，距离头部保留一定间隙，这样若有空中坠物击中头部，手对头的缓冲作用很小。

（2）同学 A 下蹲不到位，重心太高，易在地震中摔伤。

（3）同学 B 的双手未保护头部，而是保护了颈部。

4.9.2 站立式护头

站立式护头是应对地震的基本行为方式之一，可用于原地逃生且人群密集处。人群密集处，践踏是造成人员伤害的主要原因之一，不能采用低蹲护头，适当降低重心，保护好头部是较佳的选择。

动作要领：①双脚保持约一步距离，并适当错开；②微屈膝，降低重心；③双臂夹紧头部，护住太阳穴；④双手紧扣，与双臂构成三角，与头顶空出间隙 5 ~ 20cm 距离，参见图 4-23 ~图 4-25。

图 4-23 站立式护头

图 4-24 站立式护头双脚错开

图 4-25 站立式保护头部

基本原理：双脚展开，有利于保持在两脚平面内的稳定；双脚错开，有利于保持平面外的稳定；屈膝有利于调整平衡，且降低重心；头部保护动作参见低蹲式护头。

常见错误参见图 4-26 ~图 4-28：

图 4-26 所示的错误在于重心过高，双手直接放在头部，易摔倒，对头部保护较弱。

图 4-26 站立式护头错误姿势 1

图 4-27 所示的错误在于两脚之间距离太小，且在同一条直线上，易摔倒。

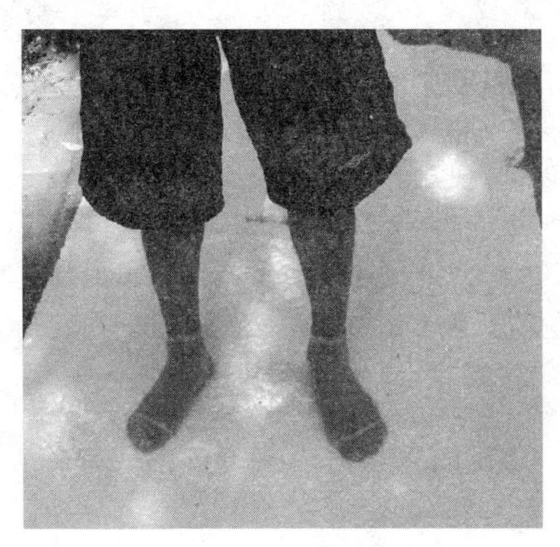

图 4-27　站立式护头错误姿势 2

图 4-28　站立式护头错误姿势 3

图 4-28 错误在于保护头部的双手太高，且偏离头部，难以阻挡坠物。

4.9.3　下伏式速跑

下伏式速跑（低重心速跑行动）是应对地震的基本行为方式之一，可用于滚石、房屋倒塌等情况。

动作要领：①双腿快速交叉前行；②双臂迅速摆动；③ 上身下伏，降低重心，用最快速度脱离危险区域，参见图 4-29。

图 4-29　低重心速跑

基本原理：上身下伏，有利于适当降低重心，减少摔倒的概率，双臂用于摆动，可以有效提高速度。主要目标是快速脱离危险区，避免滚石或者房屋倒塌造成的人员死亡，接受头部等被轻微击伤。

图 4-30　下伏式速跑错误姿势 1

图 4-30 所示是错误的，逃生者身体直立，重心高，容易摔倒，且逃生速度慢，易陷入危险境地。

图 4-31 所示姿势是错误的，用手保护头部将极大地降低逃生速度，不适用于特殊危急的地震环境。

图 4-32 和图 4-33 所示是某学校地震逃生培训中的逃生姿势，均是错误的，在奔跑中用手护头，将极大地降低逃生速度，图 4-34 的逃生人员尽管采用了速跑，姿势不标准，重心太高，易摔倒。

图 4–31　下伏式速跑错误姿势 2

图 4–32　错误的速跑逃生演习 1

图 4-33 错误的速跑逃生演习 2[52]

图 4-34 不标准的速跑逃生演习[53]

4.9.4 护头式速走

护头式速走是应对地震的基本行为方式之一，通常可用于主震过去之后，逃生人员转移到安全区等情况。

动作要领：①双脚快速交叉前行；②微屈膝，降低重心；③双臂夹紧头部，护住太阳穴；④双手紧扣，与双臂构成三角，与头顶空出间隙 5 ~ 20cm 距离，参见图 4-35 ~图 4-38。

图 4-35 护头式速走 1

图 4-36 护头式速走 2

图 4-37　护头式速走 3

图 4-38　护头式速走 4

基本原理：双脚展开，有利于保持在两脚平面内的稳定，双脚错开，有利于保持平面外的稳定；屈膝有利于调整平衡，且降低重心，以防止余震；头部保护动作参见低蹲式护头。主要目标是适当保护头部，防止余震的高空坠物。

有条件的地震逃生人员可带上安全帽，参见图 4-39。

图 4-39　戴上安全帽的人员

博尔特的冲刺姿势是不适合于地震逃生的，昂首挺胸的姿势造成重心过高，容易在震中摔倒。

5 平原城市室内地震逃生

本章的地震逃生方法主要适用以下范围：

(1) 环境：本章适用的环境是平原地貌单元下的城市房屋内部；

(2) 地震：本章适用的地震是该城市的设防大震及比设防大震更强烈的巨震；

(3) 人员：本章适用的人员具备可迅速行动能力，并处于可迅速行动的状态。

本章的研究方法是以地震逃生原理的概念为指导，在逃生案例的基础上进行分析，适当利用实验为补充，进而给出推荐的地震逃生方法。

◇ 大师逃生存在什么缺陷？

张五常是国际知名经济学家，新制度经济学和现代产权经济学的创始人之一，以《佃农理论》和《蜜蜂的神话》两篇文章享誉学界。他在美国西雅图曾经遇到了6.8级地震。地震在2001年2月28日早上11时54分发生，感受到地震的时间约45秒。他这样描述当时的情景："我当时是在西雅图市中心、美国西岸最高的76层大厦的二十多层，离震中30多英里。不幸中之大幸，是这震中深于地下30英里，损毁力大大地降低了，而又因为这深度，余震甚微。当时是在朋友的办公室，太太和我二人在一个小房间内。起初的两三秒，我觉得地面在跳动，以为有工人在下一层大作维修工程。但不到5秒钟，就明确是地震，大厦开始左摇右摆。我站起来，太太跑到我的身后。我一看形势，就选站在门框下，双手紧持门框，而太太在后支持我。我否决太太要躲进底去（这是一般人的做法）的建议，有三个原因。其一是我认为要离开大玻璃窗；其二是我见顶棚是安全的轻巧之物，没有灯箱在头上；其三——最重要的——是我认为站多一点灵活性。震荡越来越大，摇摆幅度惊人，而以钢架建造的高厦，金属摩擦之声甚响。20多秒钟之后，震荡使我觉得整个大厦可能倒塌下来。”[54]

张五常的地震逃生方法正确吗？如果是你，应该如何进行地震逃生？

5.1 城市住宅

我国住宅主要分为多层和高层住宅，10层及10层以上通常称为高层，其中我国多层住宅主体结构主要是砌体结构、异型框架柱结构、钢筋混凝土剪力墙结构，其中我国极少量多层住宅采用了剪力墙结构，该类型房屋震害和逃生类同高层剪力墙结构住宅，参见5.1.3节；高层住宅的主体结构主要是剪力墙住宅，见5.1.3节。针对上述不同结构类型的住宅，其逃生方式是不同的，本节重点讲解多层砌体结构住宅和多层异型框架柱结构住宅的逃生。

5.1.1 多层住宅为砌体结构

由于历史原因，城市已经建成的多层住宅主要是砌体结构，正在建设的多层住宅中，仍然以砌体结构为主，参见图5-1和图5-2。砌体结构指在房屋中以砌体为主制作的结构，包括砖、石、混凝土砌块等结构，可用于一般民用和工业建筑的墙、柱、基础、隔墙等。砌体中最常用材料是砖，所以通常称为砖混结构。砌体结构是国内房屋的主要结构形式之一，取材方便，造价低廉，中国古代有大量的砌体结构，长城、赵州桥等均是砌体结构；现在国内城镇7层以下的多层房屋仍然大量使用砌体结构，农村房屋绝大多数为砌体结构。

图 5-1 上海浦东新区某多层住宅小区（砌体结构，摄影：姚攀峰）

图 5-2 北京某多层住宅小区（砌体结构，摄影：姚攀峰）

（1）房屋特点

多层砌体住宅的墙体是砖、混凝土砌块等，楼板既有现浇钢筋混凝土楼板，也有大量的预制楼板，卫生间多为现浇钢筋混凝土板，参见图 5-3 和图 5-4。

图 5-3　北京某多层砌体结构住宅（摄影：姚攀峰）

图 5-4　某楼板为预制板的砌体结构（摄影：姚攀峰）

砌体结构的优点是：①容易就地取材；②砖、石或砌体砌块具有良好的耐火性和较好的耐久性；③砌体砌筑时不需要模板和特殊的施工设备；④砖墙和砌块墙体隔热和保温效果好；⑤造价低。砌体结构的缺点是：①与钢和混凝土相比，砌体的强度较低，因而构件的截面尺寸较大，材料用量多，自重大；②砌体的砌筑基本上是手工方式，施工劳动量大；③砌体的力学性能差，因而抗震性较差；④黏土砖需要黏土制造，在某些地区过多占用农田，影响农业生产。

1989年版抗震规范实施之前建造的砌体房屋，抗震性能较差，地震中破坏严重，易倒塌；该规范实施之后的砌体房屋，抗震性能较好，破坏相对较轻，倒塌相对较少。砌体为不可燃材料，耐火性较好，对防范地震次生灾害的火灾是有利的。

(2) 原生灾害

当房屋遇到大震或者巨震时，房屋破坏、局部或者全部倒塌，参见图5-5、图5-6；房屋中的非结构物（柜子、吊灯等）可能倒塌，参见图5-7。未经过抗震设计的砌体结构抗震性能很差，小震可坏、中震易倒、大震必倒。唐山地震、汶川地震大量砌体结构倒塌，造成了严重的民众生命和财产损失。

图5-5 砌体结构的倒塌（图片来自网络）

图 5-6 逃生人员被压埋

图 5-7 饮水机等倒塌（图片来自网络）

(3) 次生灾害

多层砌体住宅房屋的主要地震次生灾害是火灾，地震中，电线、燃气可能引发火灾，家具等易燃物可导致火继续燃烧，汶川地震虽然多数地区下雨，仍然有部分地方着火，参见图 5-8。由于砌体结构为非可燃物，砌体房屋的抗火性要远高于木结构房屋，火灾的损失也远小于木结构房屋。

图 5-8 都江堰一房屋倒塌并着火（图片来自网络）

（4）安全等级

多层砌体住宅房屋在设防大震或者巨震作用下的安全等级可以划分为 III、IV、V，通常处于破坏、局部倒塌、倒塌的状态，具体形式与地震、场地、房屋本身有关。

（5）目标安全区

对于多层砌体住宅房屋，推荐的目标安全区是卫生间或者室外，参见图 5-9。卫生间的安全等级可以划分为 III 或 IV 级，室外的安全等级可以划分为 II 或 III 级。

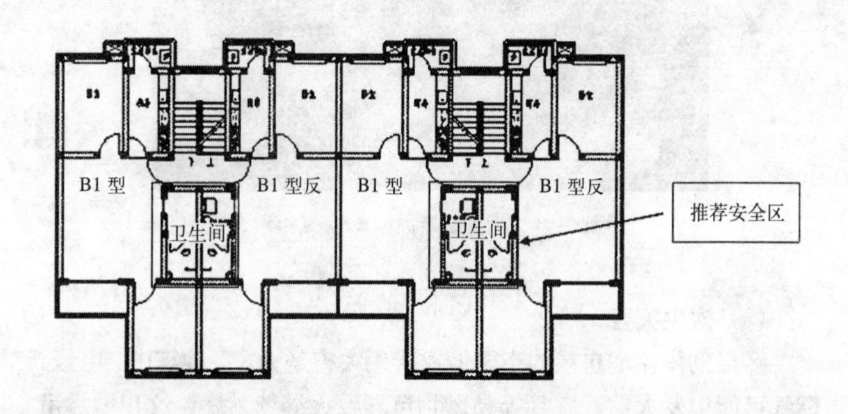

图 5-9 多层砌体住宅平面图（姚攀峰设计）

砌体多层住宅抗震性能较差，但是多数人员难以在短暂的时间内逃到室外。砌体房屋中的死伤多是由于房屋倒塌或者局部倒塌造成的。砌体房屋的卫生间周边均是砌体墙，在较小的范围内分布了较多的墙体，而且为了防止渗水等原因，卫生间楼板为现浇钢筋混凝土板，整体性好，总体来看较其他部位倒塌的概率较低，生存的可能性大些。卫生间内部管道多，有积存水等，危急时刻可以饮用，而且室外救援时，可通过敲击管道把求救信号传递出去，被救的可能性大些。所以在无法逃离到室外的情况下一般选择到卫生间内避难。

(6) 逃生流程及逃生行为

如果逃生时间充分，可采取以下应对流程：

1）采用下伏式速跑或者护头式速走转移到卫生间；

2）到达目标安全区之后采用低蹲式护头；

3）第一次地震停止（约 3 分钟后），立即采用护头快走从楼梯间转移到室外空旷地带。

对于一楼人员可优先选择下伏式速跑转移到室外安全岛。

如果逃生时间不充分，也可选择室内原地逃生法或者室内三角区逃生法。

(7) 注意事项

不要到楼梯间进行避难！通常而言，对多层砌体房屋，其楼梯间是薄弱部位，在地震中容易倒塌，造成逃生人员伤亡，尤其是端部的楼梯间，更是容易倒塌，参见图 5-10、图 5-11。

远离窗户等玻璃物品，减少玻璃破碎等造成的伤害。

图 5–10 汶川地震中的楼梯间倒塌 1[55]

(8) 逃生案例

[逃生案例 1]

图 5-11 汶川地震中的楼梯间倒塌 2

"唐山某学院的陈老师是唐山地震的幸存者之一。1976 年夏天陈老师家所在的楼房经常停水，需要每天后半夜起来接水。唐山地震发生前的当夜 3 点半左右，陈老师起床去厨房接水时发生了地震。地震一开始就很猛烈，人根本站不住。他想到大屋去叫人，但还没跨出门槛，楼房就开始往下塌，砖往头上砸。陈老师用手捂住头蹲了下去，耳边只听得'劈里啪啦'房子倒塌的声音，身子跟着楼板一起往下降。降了不到两层，房顶一下被甩到了一边，墙也都倒了，但陈老师脚下的楼板仍在下沉。最后，陈老师发现自己蹲在一片废墟上，身子四周堆满了碎砖块。他的脸、后背和手都受伤了，但没有伤着骨头。陈老师扒开四周的碎砖和灰沙，爬到了空地上，而他的家人都被砸埋在了废墟里。

震后人们发现，这幢楼为砖墙预制板顶筑框架结构，抗震性能差，倒得很快，但也没有全部倒塌。靠南侧的大房间四层全部倒塌，逐层向南滑落；靠北侧是厨房、厕所、小开间，一楼完好，二楼基本完好，三楼东西两侧塌下，四楼仍有个别残存。陈老师当时正在小开间内，因房顶的整体性相对较好，面积小，预制板只能向一边甩，不能整体坠落，才避免砸埋。这幢楼房内共住 221 人，震亡者有 136 人。在幸存的 85 人中，除个别住高层未被甩出和部分躲避在一楼南侧大房间的三角空间内而幸存外，绝大部分都是因为住在北侧小开间内，房子未倒而活了下来。"[56]

从这个案例可以看出，小开间的卫生间抗倒塌性较好，往往是砌体房屋中的相对较安全的区域。从地震逃生角度来看，陈老师从小房间转移到大房间的做法是错误的，科学的做法应该是转移到卫生间，同时大声呼叫。

[逃生案例 2]

某夫妇老两口在汶川地震时，在汉旺的东方汽轮机厂，该厂离汶川的直线距离只有 10km，属于地震中心，地震时地面左摇右晃，上下跳动，导致大量的死伤，是灾害最严重的地方之一，两人成功逃生。

发生地震时，丈夫在房间的门口，突然天旋地转，他马上意识到发生地震了，当他回头大喊老伴时，发现门框已经垮下来了。于是他迅速地冲出走廊，冲到马路上。几秒钟后，房屋就轰然倒塌了。妻子正在厨房，当她发现地震的时候，客厅的楼板已经开始垮塌。因为看过日本的自救片，她迅速冲到了厕所，紧紧贴着粗大的钢质下水管，并双手抱头。几秒钟后整个大楼垮塌了。但是幸运的是围绕钢管的楼板倾斜倒下，给她留下了生存空间。地震后她迅速沿着楼板缝钻了出来。[57]

从这个案例可以看到，案例中的女同志迅速到了卫生间，成功逃生，男同志则迅速逃生到了室外，安然无恙。

5.1.2 多层住宅为异型框架柱结构

随着经济水平的发展，我国少量城市多层住宅采用了钢筋混凝土异型框架柱结构。

(1) 房屋特点

主要承重体系是钢筋混凝土异形框架柱，为了与建筑协调，通常采用“T”“L”“十”“一”形柱子，相对于正方形与矩形柱而言是异形的柱子，所以称为异型柱，梁板通常为现浇钢筋混凝土，其余部分墙体通常为砌体填充墙，参见图 5-12、图 5-13。

(2) 原生灾害

当房屋遇到大震或者巨震时，房屋破坏、局部倒塌、倒塌；房屋中的非结构物（柜子、吊灯等）可能倒塌，填充墙可能倒塌。多层钢筋混凝土异型柱住宅房屋的震灾实例目前还很少，从抗震分析

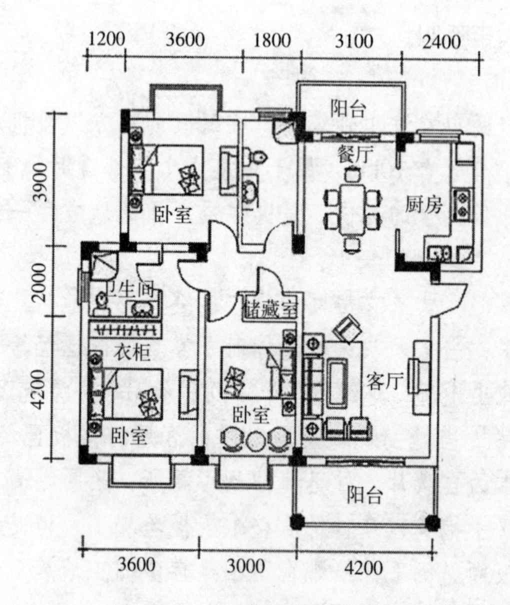

图 5-12 某异型柱住宅示意[58]

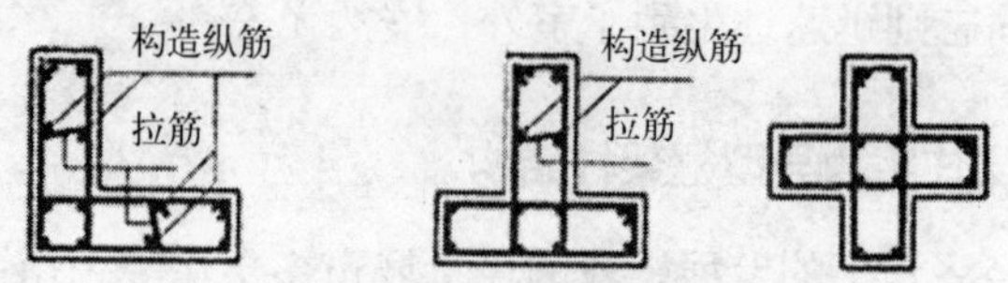

图 5-13 异型柱示意

上来看，目前认为其抗震性能弱于或者近似于框架结构房屋。

(3) 次生灾害

多层钢筋混凝土异型柱住宅房屋的主要地震次生灾害是火灾，地震中，电线、燃气可能引发火灾。

(4) 安全等级

多层钢筋混凝土异型柱住宅房屋在设防大震或者巨震作用下的安全等级可以划分为 III、IV、V 级。

(5) 目标安全区

对于多层钢筋混凝土异型柱住宅房屋，推荐目标安全区是不受砌体填充墙和家具等非结构物倒塌威胁的空间，内部钢筋混凝土异形柱周边，安全等级可以划分为 III、IV、V 级，参见图 5-14。对于图 5-14 所示的多层钢筋混凝土异型柱房屋，图中所示的目标安全区是比较好的安全区域，没有大的家具等物品，砌体墙与其平行，即使砌体墙倒塌，受伤害的概率仍然较小。如果房屋倒塌，该处形成三角区的概率大一些。由图 5-14 所示的多层钢筋混凝土异型柱房屋可知，异型柱结构住宅的目标安全区的选择是很困难的，如果没有震前准备，仅仅依靠地震来临时的随机确定目标安全区，是难以达到最优效果的，所以综合逃生法的准备工作是重点。

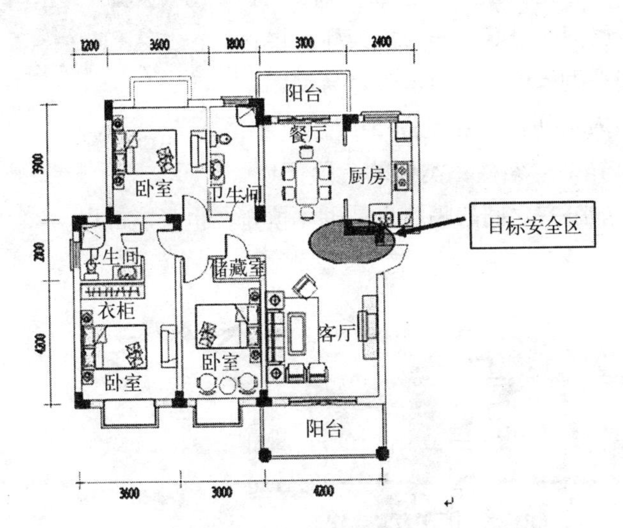

图 5-14 某异型柱住宅目标安全区示意

(6) 逃生流程及逃生行为

如果逃生时间充分，可采取以下应对流程：

1) 采用下伏式速跑或者护头式速走转移到目标安全区；

2) 到达目标安全区之后采用低蹲式护头；

3）第一次地震停止（约3分钟后），立即采用护头快走从楼梯间转移到室外空旷地带。

对于一楼人员可优先选择采用下伏式速跑转移到室外安全岛。

（7）注意事项

图5-15 楼梯倒塌[59]

图5-16 楼梯间填充墙倒塌[59]

不要到楼梯间进行避难！通常而言，对多层钢筋混凝土异形框架柱房屋，其楼梯间是薄弱部位，在地震中填充墙容易倒塌，造成逃生人员伤亡，参见图5-15、图5-16。

不要到卫生间进行避难！通常而言，对多层钢筋混凝土异形框架柱房屋，其卫生间是砌体墙，在地震中容易倒塌，造成逃生人员伤亡，参见图5-17，该房屋采用了异型框架柱，类似的危险区域还很多，如卧室之间的隔墙也是砌体填充，也可能倒塌。

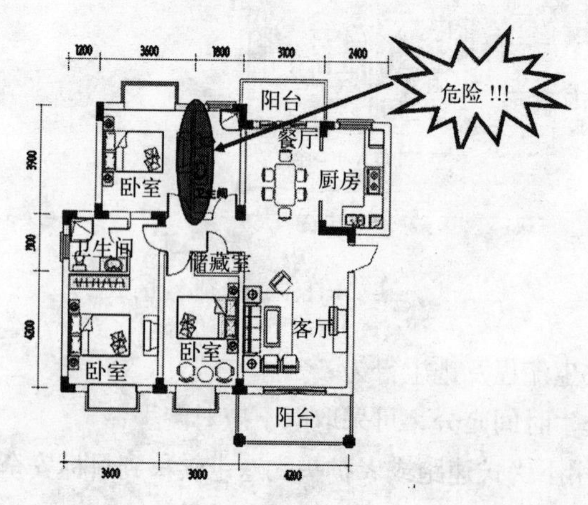

图5-17 某异型柱住宅典型危险区示意

远离玻璃等易碎物品。

(8) 逃生案例

可参见 5.1.1 节逃生案例。

5.1.3 城市高层住宅

图 5-18 高层剪力墙住宅
(摄影：姚攀峰)

随着社会和经济的发展，城市中高层住宅越来越多。钢筋混凝土剪力墙结构是城市高层住宅中最主要的结构形式。砌体和钢筋混凝土均可作为剪力墙结构的材料，但是在国内剪力墙结构一般指的是钢筋混凝土剪力墙结构。

(1) 特点

剪力墙结构房屋的承重墙体为钢筋混凝土剪力墙，少量墙体为砌体填充墙，楼板为现浇钢筋混凝土楼板，参见图 5-18 和图 5-19，通常较少做吊顶。剪力墙结构是用内墙或外墙承受竖向和水平作用的结构。

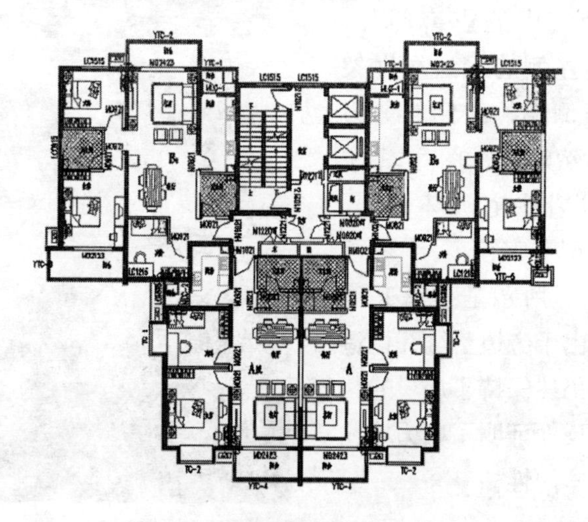

图 5-19 某剪力墙住宅标准层示意（结构设计：姚攀峰）

剪力墙高度和宽度可与整栋建筑相同，主要承受水平力和竖向力，以受剪和受弯为主，所以称为剪力墙。剪力墙结构的侧向刚度很大，变形小，既承重又围护，适用于住宅和旅游等建筑。国内绝大多数高层住宅为钢筋混凝土剪力墙结构。国外采用剪力墙结构的建筑已达 70 层。

现浇钢筋混凝土剪力墙抗震性能为优，在历次地震中表现良好，即使破坏也多因房屋地基破坏引起的。

图 5-20 损害较小的剪力墙住宅
（墨西哥地震，7.8 级，1985）

（2）原生灾害

当房屋遇到大震或者巨震时，房屋结构的抗震性能非常优良，较少倒塌；房屋中的非结构物（柜子、吊灯等）可能倒塌，填充墙可能倒塌。

图 5-20 所示的 1985 年墨西哥地震中的震害照片，可以看到左侧的钢结构框架已经彻底倒塌，右侧的剪力墙住宅仍然屹立。图 5-21 所示为剪力墙住宅破坏倒塌，但是该类型震害较小。

图 5-22 所示是上海某剪力墙住宅由于旁边基坑开挖造成倒塌，仍然保持了房屋的整体性，从反面证明了剪力墙住宅的整体牢固性。

图 5-21 金巴黎大楼 [60]

图 5-22 某剪力墙住宅倒塌

图 5-23 砌体墙倒塌

(3) 次生灾害

剪力墙结构房屋的主要地震次生灾害是火灾，地震中，电线、燃气可能引发火灾，家具等易燃物导致火继续燃烧。

(4) 安全等级

剪力墙结构住宅房屋在设防大震或者巨震作用下的安全等级可以划分为 II 或者 III 级。

(5) 目标安全区

对于剪力墙结构住宅房屋，推荐目标安全区是不受砌体填充墙和家具等非结构物倒塌威胁的空间，内部钢筋混凝土剪力墙周边，安全等级可以划分为 II 级，参见图 5-24。该图仅示意 B1 户型的典型安全区，对于图 5-24 所示的剪力墙住宅房屋，图中所示的目标安全区是比较好的安全区域，没有大的家具等物品，砌体墙与其平行，即使砌体墙倒塌，受伤害的概率仍然较小。图 5-25 ~ 图 5-29 则显示了各种危险源。

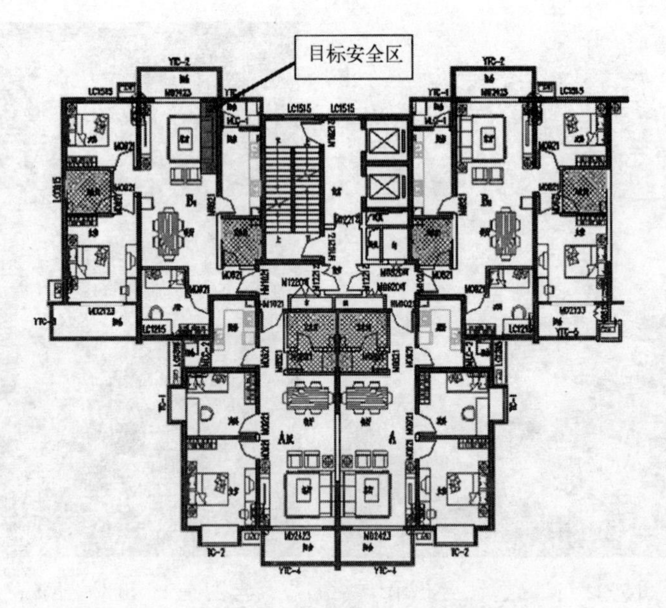

图 5-24 某剪力墙住宅典型安全区示意

图 5-25 某剪力墙住宅隔墙（摄影：姚攀峰）

图 5-26　吊灯（摄影：姚攀峰）

图 5-27　物品（摄影：姚攀峰）

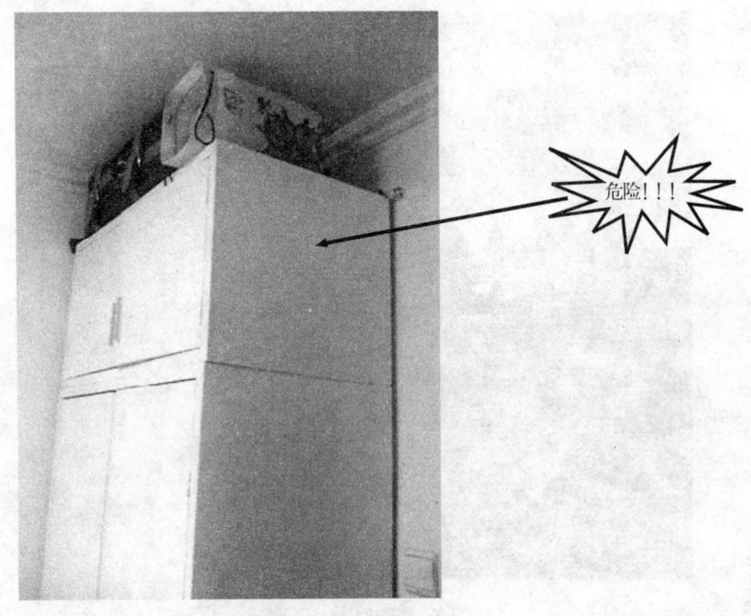

图 5-28 柜子上的重物（摄影：姚攀峰）

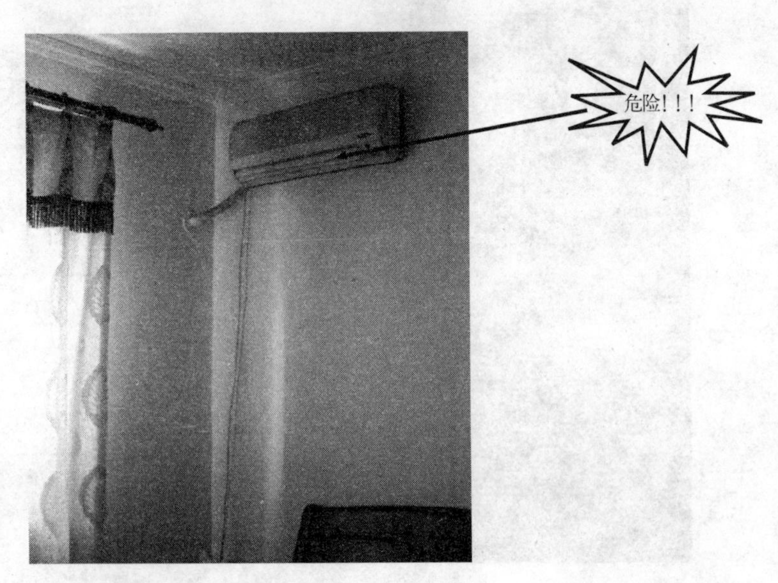

图 5-29 空调（摄影：姚攀峰）

(6) 逃生流程

如果逃生时间充分，可采取以下应对流程：

1）采用下伏式速跑或者护头式速走转移到目标安全区；

2）到达目标安全区之后采用低蹲式护头；

3）第一次地震停止（约3分钟后），灭火，防止火灾，然后采用护头快走从楼梯间转移到室外空旷地带。

采用低蹲式护头，进行原地逃生的方法也是可以的。

现浇钢筋混凝土剪力墙结构是抗震性能为优的一种结构形式，历次地震中，倒塌的房屋很少，在这种房屋里面一般是比较安全的，生命是有保障的，可以比较从容的采取各种措施，灭火后再撤离，避免火灾等次生灾害的发生，同时尽可能地减少财产的损失。

这种结构在地震中外墙和外窗较易发生破坏，部分工程中外窗用砌体填充，破坏会更加严重，所以应该远离外墙和外窗。

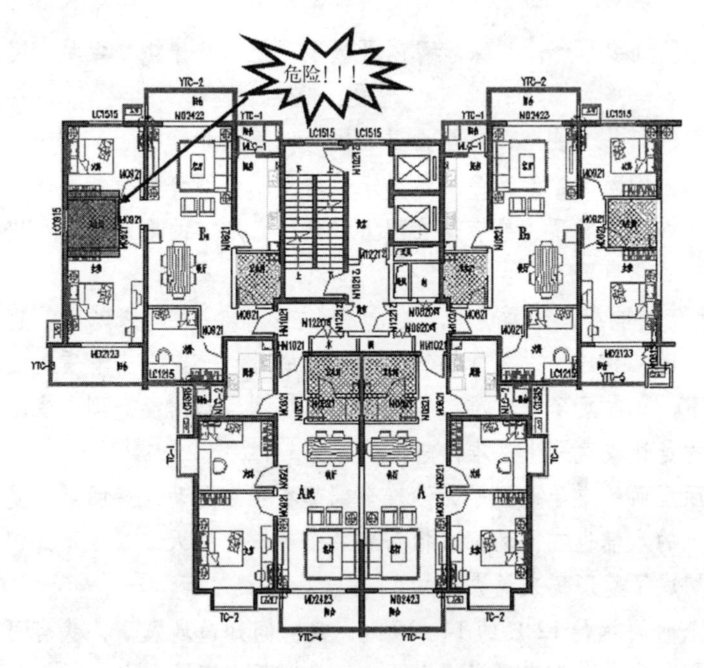

图 5-30　某剪力墙住宅典型危险区示意

城市建筑密度大，部分建筑物的室外空间狭小，且目前国内多数城市室外避难场所较少，分布不均衡。若无火灾等次生灾害和更好的避难场所，可返回此类房屋避难，但一定注意灭火、断煤气、打开门、窗，防止其他人家发生火灾等次生灾害。

(7) 注意事项

不要到卫生间进行避难！通常而言，对剪力墙结构房屋，其卫生间是砌体墙，在地震中容易倒塌，造成逃生人员伤亡。

(8) 逃生案例 [61]

5月12日，我在重庆渝中10楼的家。早上起床，开电脑看新闻。中午时分，在网上找了个菜谱，突然对烹调感兴趣。顺便又找了一个做辣子鸡的视频来看，然后跟着步骤开始操作起来。

我兴致勃勃地在厨房里跳着锅铲舞，很有趣儿，似乎推翻了一直认为做饭是一种痛苦的结论。

将西瓜瓤剜掉，利用其壳取其清香蒸饭，学习做的辣子鸡也已经起锅了。还要炒一个青菜就可以开饭了，把锅洗净烧热之时，突然听见家人一阵阵惊骇的喊叫："地震、地震、地震、地震 ......" 接连的几声，我并没在意，甚至心里在想，他怎么会这样子，明明是在玩电脑、看新闻，怎么会突然出来喊地震？会不会是有什么病没告诉我，现在发病了，或者是在网上看到什么地方的地震消息，出来随便吆喝几声罢了。

"地震、地震、地震、地震 ......" 还在喊，喊叫越来越急，也越来越惊慌。我放下手里的锅铲，把火开成最小，走出来看看到底怎么回事，还鼓足了中气准备吵几句，没想到，真的没想到，我眼前看到的是让我这一生都难以忘怀的景象。

客厅里面的桌子，凳子，沙发全部都在左右晃动，最明显的是饮水机上的水桶也在摆动，我抬头看着面对窗外的天，长方形的窗子把它切成了菱形摇来摇去 ......

这个时间就是12日的14：30时，我瞬间知道地震了，我有可能在地震灾难中，在房屋坍塌中死亡并且埋葬在废墟之中……

当时的第一反应就是跑，跑——是我们唯一的选择。

起床以后，头还没有梳，脸还没有洗，穿了件睡衣在家活动的我撒腿就想跑。

在家人还没有反应过来之际，听从了我的错误意见，他光着身体只穿了条裤衩，穿双拖鞋，我们冲上楼顶，我只想着要往空旷的地方跑，结果跑上楼顶后，感到整个大楼马上就要垮了，晃动得我们想跳楼。

怎么办？一连串的恐慌加上脑子一片空白，此时，我们应该怎么办？

不知道怎么的，一向很理智很镇定的家人开头可能因为有些恐慌，竟然听我的，往楼上跑，不过他很突然地反应过来，楼顶是最不安全的，地震都是从楼顶开始撕裂的，他说，"我们下楼，走，下去！"他的声音有些颤抖，有些急迫，话音还没落，就拉着我开始往下跑了。

我还带着疑问，到底下不下去，我怕的是跑下去已经来不及了，10楼，毕竟也又20个楼梯转角，不如我从楼上跳下去，或许还会捡回一条命，这样跑我不是要被即将垮塌的废墟活埋？

家人大喊："不要再犹豫了，跑，往下面跑！"

我几乎没有时间再考虑，再犹豫了，跟着他大步大步地往一楼跑，与死亡开始了生死搏斗。

不知道什么时间，在我们身后紧紧跟出来一个女子，她可能是一个人在家，也是10楼的。穿着拖鞋的她嘴里焦急地唠叨着："哎哟，哎哟，怎么了，这是怎么了哟，好吓人哟，干啥子了嘛……"带着微哭的腔调跟在我后面。我还听到她很清楚地说了一声："糟了，我钥匙没拿出来，怎么办哟？"当时我心想，命都快没了，还想着你的钥匙，真是好笑，于是我也开始想起我的手机，钥匙也没拿，甚至门都没关就跑了。

什么也顾不上，什么都不再重要，我只知道要跑，我只知道一定要活下去，我祈祷，楼不要垮，千万别垮！然后，我们努力地往一楼跑着，跑着。

无论我怎么努力，无论跑多快，我都觉得脚不再听我的使唤，我盼着，数着，怎么还不到一楼，从每层楼楼梯转角处的缝隙里往下看，快了，接近了，然后看着楼下坝子里面的人是越来越多，声音也是越来越嘈杂。

我使劲地催促着家人跑快一点，再快一点，我能感觉到楼晃得十分厉害，我头很昏，心里很害怕很害怕，怕的是楼会垮下来把我埋了，怕的是楼就算本身不会垮也会被我们这么多人往下跑对它的振动力量搞垮。

还好，还好，我们跑到一楼了，终于跑出楼梯口了。

当我跑出楼梯口时，有个先跑下来的女的指着我们这幢楼说："你看，还在动，这幢楼还在动。"

院子狭窄的坝子里站满了人，仍然能看到很多人从几个楼梯口陆续出来，女的穿拖鞋、睡衣，男的只穿条短裤的随处可见。死亡来临的时候，谁也不会去在意你穿什么，我戴什么，再也不会去关心谁的形象问题了。大家都很慌张，都很害怕，全都脸青面黑，没有一个笑容。

大家都在议论，都在相互说着自己的感受，我想当时，人们除了害怕也只有害怕了。

大家都在问，这是怎么了，是我们重庆地震吗？

地面仍然在晃动，我的心跳动很快，而且头昏，院子里的人都看着眼前的几幢楼在摇，在动，人们聚集在一起不知所措……

可能是因为已经跑出楼层的原因，心里的恐慌没先前厉害，稍稍地，稍稍地，人们平静了些许。

大概 10 分钟左右，地面似乎没有动了，房子也没有晃了，我们试图回去拿些东西再到安全的地方逃难。

又上楼了，人们慢慢分散，有的往街上走，有的往楼上走，有的仍然才从楼上下来，问我们怎么回事，我们也无语 …… 这么大的动静既然还有人在家里睡觉，哎！

我走上五楼，还没有完全从惊魂失魄中回过神来，走一步心跳强烈一次，真的怕，怕楼再摇一下，不把我吓死才怪。这才慢慢地，很紧张地进屋，走进厨房，才发现自己做了一件傻事，当时是准备炒青菜和家人一起享受佳肴的，哪知道紧急情况让我不知所措，火都没关就跑了，还好锅里没倒油，火是开的最小的一挡，只是锅被烧得很烫了，其他倒没有什么意外。现在回想起来才后怕得吓死人了。

匆忙地换了衣服，拿了点必需品，头发也不敢梳，只拿了把梳子，以最快的速度又跑下楼了，每一步，都心存余悸地感受着楼还在晃动，在晃动……

楼下，坝子，只要能站人的地方都有人，大家众说纷纭，讨论的无非就两个话题，一是怎么会地震；二是接下来怎么办？

这是一个非常有代表性的应对行动，从本案例可以看出，该女士有地震的概念，却不了解自己的房屋结构和该种情况下如何应对地震。许多想法是错误的，该女士及家人判断出地震后，首先是很恐慌，没有灭火，立即向楼顶冲去，到楼顶后发现楼摇晃得厉害，有跳楼逃生的想法，甚至担心奔跑会把楼振塌。

该住宅是10层以上的高层住宅，应该是剪力墙住宅，抗震性能为优，垮塌的可能性较小，主要灾害是砸伤等。如果该房屋瞬时倒塌，该女士是没有时间逃出楼外的；即使逃出楼外，由于“院子狭窄的坝子里站满了人”，房屋倒塌仍然是不安全的。

很幸运，该女士尚未来得及放入油等，否则是会发生火灾的，即使是高层剪力墙住宅的居民，也应该在地震停止后，稍加整理，迅速撤离，以防其他人家发生火灾，影响整栋楼安全。

对于高层居民，跳楼逃生是很危险的事情，只有彻底无其他逃生手段的情况下，才采用该方法，该女士家人坚决让其从楼梯逃生是正确的做法。

高层剪力墙住宅逃生首先应该是保持冷静，采取措施防止非结构物的砸伤，其次是立即灭火，最后是携带必备物品离开。

5.2 城市教学楼

由于学生人流疏散等原因，教学楼绝大多数是多层建筑物，本章主要讲解多层教学楼的地震逃生。倘若教学楼为高层教学楼，可参见 5.4 节。城市多层教学楼主要是钢筋混凝土框架结构。

(1) 特点

框架结构是由梁和柱组成承重体系的结构。框架结构虽然出现较早，较早期的有木框架等，但直到钢和钢筋混凝土出现后才得以迅速发展，是目前常用的主要结构形式之一。图 5-31 为钢筋混凝土框架结构。

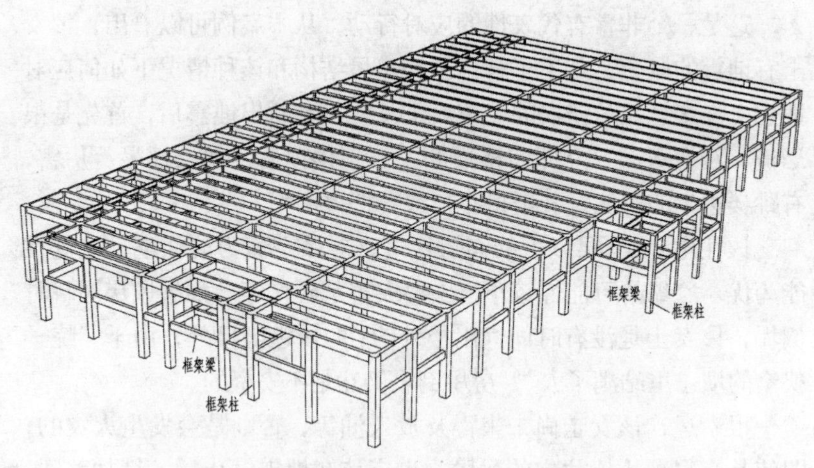

图 5-31 钢筋混凝土框架示意（设计：姚攀峰）

框架结构的最大优点是柱、梁等受力构件与墙等围护构件有明确分工，建筑的内外墙处理十分灵活，应用范围很广，适合教室、商场等建筑物。

教室内部有大量的桌椅。

（2）原生灾害

钢筋混凝土框架结构抗震性能为中，在不同的地震中表现有好有坏，经过精心设计的延性钢筋混凝土框架结构抗震性能可以达到良。

当钢筋混凝土框架教室遇到大震或者巨震时，房屋破坏、局部倒塌、整体倒塌；房屋中的非结构物（柜子、吊灯等）可能倒塌，填充墙可能倒塌，参见图 5-32 ~图 5-34。

图 5-32　汶川地震中某框架结构垮塌[62]

图 5-33　台湾集集地震中某框架结构垮塌[63]

图 5-34 台湾集集地震中某框架结构基本完好[63]

（3）次生灾害

钢筋混凝土框架结构教室的主要地震次生灾害是人员践踏、火灾。

地震中，电线可能引发火灾，课桌等易燃物导致火继续燃烧。

通常不会有其他次生灾害，如洪灾、污染等。

（4）安全等级

钢筋混凝土框架教室在设防大震或者巨震作用下的安全等级可以划分为 III 级、IV 级、或者 V 级。

（5）目标安全区

对于多层钢筋混凝土框架结构教学楼，推荐目标安全区首选是室外，其次是室内三角区逃生，例如：不受吊顶、砌体墙等非结构物倒塌威胁的空间，内部钢筋混凝土柱周边，最后选择室内原地逃生，例如：课桌底下，安全等级可以划分为 III、IV、V 级，参见图 5-32。对于图 5-32 所示的多层钢筋混凝土柱房屋，图中所示的目标安全区是比较好的安全区域，没有大的家具等物品，砌体墙与其平行，即使砌体墙倒塌，受伤害的概率仍然较小。如果房屋倒塌，该处形成三角区的概率大一些。

（6）逃生流程及逃生行为

对于室内原地逃生，可采取以下应对流程：

1）采用原地课桌下避难，采用低蹲式护头；

2）第一次地震停止（约3分钟后），立即采用护头快走从楼梯间转移到室外空旷地带，有序撤离，防止践踏。

对于一楼人员或者楼可能倒塌的情况，优先选择采用下伏式速跑转移到室外安全岛。

（7）注意事项

不要到卫生间进行避难！通常而言，对多层框架结构房屋，其卫生间是砌体墙，在地震中容易倒塌，造成逃生人员伤亡。

慎重到楼梯间避难！楼梯间是框架结构的薄弱部位，易破坏或者倒塌，而且其填充墙容易倒塌。

从图5-35可知，框架楼梯间的楼梯本身可能破坏，其四周的填充墙也可能破坏，对人员造成伤害。

图5-35　都江堰某框架楼梯间破坏[64]（摄影：冯远）

远离玻璃等易碎物品。

(8) 逃生案例

[逃生案例 1]

2008年5月12日下午，北川中学某班在新教学楼2楼多媒体教室上美术课。突然只觉得山崩地裂，听到有人喊一声，地震了，快趴下，就趴在桌子下面了，然后就是一片漆黑，教室里面当时哭喊声叫成一片，听到体育委员朱某某大声在黑暗中喊，“男生要坚强，女生不要哭，要保持清醒，保持体力”。几分钟后，同学们慢慢安静下来。然后有手机的同学打开手机，发现已经没有信号。同学们用手机照明，发现三楼的楼板已经塌下来，压在教室的桌子上。有些没有来得及趴下的同学，已经被压在顶棚和桌子中间，有的死了，有的只有微弱的呻吟。大约过了一个小时，朱某某听到墙外有翻腾的声音，坍塌下来的墙壁上有一个排气扇留下了一个洞，朱某某对外面喊话，原来是外面的老师和上体育课的高三男生在用手扒墙。于是朱某某和另外一个男生分别扳住排气扇留下的墙缝两边，半支着身子，使劲拽动。拽了好一会儿，他们终于把墙壁弄出一个一人宽的缝隙，全班33个同学陆续从这个救命裂缝中爬了出去。该班65个孩子，完整出来的33个，目前已经确认死亡了8人。

逃生案例1是目前比较流行的地震逃生做法，由于这些地方人员密集，且有许多桌椅，钢筋混凝土框架教室的倒塌的可能性不是很大，所以可以采用上述做法，疏散时要有序撤离。

[逃生案例 2]

汶川地震中，某老师是北川县曲山小学某班班主任，12日下午2:30左右，走上3楼教室的讲台，正要上课。突然听到脚下轰的一声，房子轻微地摇晃了一下，不到一秒钟，该老师就反应过来地震来了，立即大喝一声，“地震了，快往操场跑。”学生们哗的一下起身，该老师拎住一个跑在前面的孩子，冲到门口操场上。由于教学楼依山而建，三楼和后面的操场正好是平的，教室未关门，约5～6秒钟，班上已经有80%的孩子冲到了操场上。到了操场上，感到强烈的震波已经到了，地动山摇，根本站不稳，他趴在地上，身子下面仿佛一股波在翻腾，人好像树叶一样飘起来。然后只觉得山崩地裂，什么感觉也没有了。[65]

从逃生案例 2 可知，应对地震，对于钢筋混凝土框架结构教室可能倒塌时，把目标安全区选择为室外安全岛是比较优的选择，尤其是 1 楼的学生可以考虑有序出逃到室外。

5.3 城市商场、超市

由于便于人流疏散等原因，我国城市多层商场和超市主要是多层建筑物、高层建筑物的裙房，其结构形式通常是钢筋混凝土框架结构，参见图 5-36 ~图 5-38；部分是地下商场、地下超市，通常是钢筋混凝土框架加上周边的钢筋混凝土挡土墙结构，抗震性能良好，地震逃生可参见 5.6 节。

图 5−36 某商场（摄影：姚攀峰）

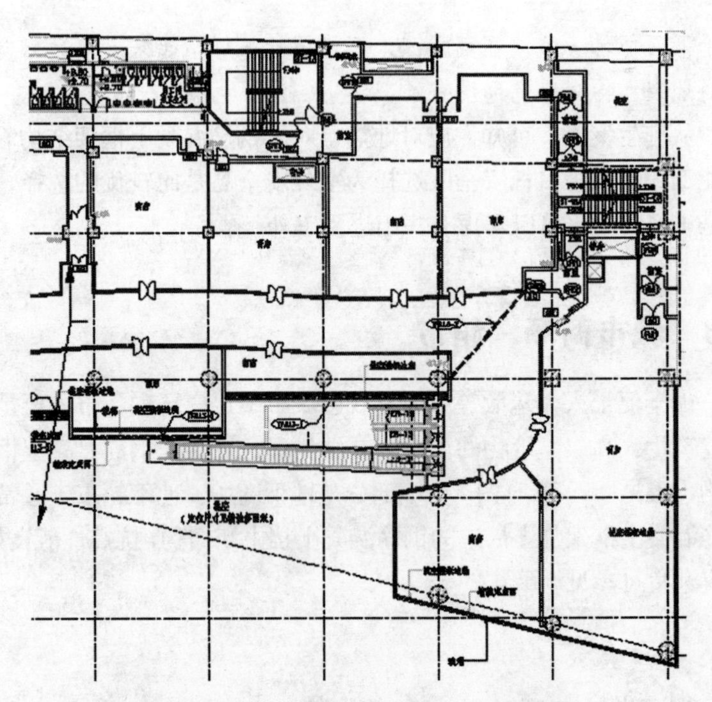

图 5-37　某商场平面示意（结构设计：姚攀峰等）

图 5-38　某框架之间填充的砌体墙（摄影：姚攀峰）

（1）特点

钢筋混凝土框架结构的抗震性能参见框架结构教学楼5.2节，与教学楼相比，其室内存在大量的二次装修，商品众多，正常使用期间人员众多，且处于流动状态。

（2）原生灾害

当房屋遇到大震或者巨震时，房屋破坏、局部倒塌、整体倒塌，总体来看倒塌的概率低于砌体结构；房屋中的装修，如砌体隔墙、玻璃专柜等容易倒塌，大量的商品可能倒塌、下坠造成人员伤害，参见图5-39～图5-46。

图5-39 地震中倒塌的商场[66]
（印尼苏门答腊岛7.9级地震，2009）

图5-40 地震中商场室内装饰倒塌[67]
（日本“3·11”地震，2011，9.0级）

图 5-41 超市货架倒塌[68]（日本“3·11”地震，2011，9.0 级）

图 5-42 汶川地震某框架填充墙破坏（摄影：祁生文）

图 5-43　汶川地震某框架填充墙破坏（摄影：祁生文）

图 5-44　商场室内的玻璃专柜（摄影：姚攀峰）

图 5-45 无抗震措施的填充墙 1（摄影：姚攀峰）

图 5-46 无抗震措施的填充墙 2（摄影：姚攀峰）

（3）次生灾害

主要地震次生灾害是人员践踏和火灾。践踏是密集人群在紧急事件中造成伤亡的主要原因，参见表 5-1，在地震中，人员往往处于高度慌乱状态，更容易造成践踏死亡。地震中，电线、燃气可能引发火灾，商场里面通常有大量的衣物、家具等易燃物导致火继续燃烧，参见图 5-47。

二十年来全球重大踩踏事件[69]　表5-1

时间	地点	伤亡人数	概述
2010年7月25日	德国杜伊斯堡	19人遇难 100多人受伤	德国西部城市杜伊斯堡举行的音乐节发生踩踏事件，至少造成19人死亡，警方表示当局已展开全面调查。事发时当局曾试图阻止人群进入一个游行场地，随后在入口的隧道内发生恐慌，造成了拥挤践踏事故
2010年3月4日	印度北部寺庙	63人遇难	印度北部地区一座寺庙3月4日发生严重踩踏事件，造成至少63人死亡，数十人受伤。报道称，当时人们正聚集在一起庆祝宗教节日
2009年12月7日	湖南省湘潭市育才中学	8人遇难 26人受伤	12月7日21时30分许，湖南省湘潭湘乡市东山育才中学晚自习下课，学生在下楼梯的过程中，一名学生跌倒，引发踩踏事故，造成8人死亡，26人受伤
2009年3月29日	科特迪瓦经济首都	19人遇难 132人受伤	3月29日，在科特迪瓦经济首都阿比让举行的世界杯和非洲国家杯预选赛中，因体育场内一面墙坍塌，导致附近观众在争先逃离现场时发生严重踩踏事件，造成至少19人死亡，132人受伤
2008年9月30日	印度西部拉吉斯坦省	224人遇难 约55人受伤	印度西部拉吉斯坦省佐德坡地区的大神梵天寺庙，30日上午发生的信徒推挤践踏事件，至1日晚经各医院综合统计，死亡人数224人，约有55人受伤

续表

时间	地点	伤亡人数	概述
2008年8月3日	印度北部喜马偕尔邦	至少145人遇难 上百人受伤	8月3日，印度北部喜马偕尔省境内一个位于山崖的印度神庙，由于谣传即将山崩，造成群众争相走避推挤，导致约150人惨遭践踏死亡
2006年2月4日	菲律宾大马尼拉区	74人遇难 342人受伤	大马尼拉区帕西格市体育馆发生严重踩踏事件，当时约3万人等候在体育馆外，准备参加电视娱乐节目“Wowowee”周年庆典活动。美联社报道说，踩踏事件已经造成74人死亡，近400人受伤
2006年1月12日	沙特伊斯兰教圣地麦加	362人遇难 近300人受伤	1月12日中午，参加麦加朝觐射石仪式的朝觐者发生大规模踩踏事故，当时有数万名穆斯林参加投石驱魔仪式。踩踏事件造成362人死亡，其中包括4名中国朝觐者
2005年12月18日	印度南部泰米尔纳德邦	43人遇难 50人受伤	2005年12月18日，在印度南部泰米尔纳德邦首府金奈市南部一个水灾救助中心发生拥挤踩踏事件，造成至少43名领取食品券的灾民死亡，另有约50人受伤
2005年8月31日	伊拉克巴格达	至少965人遇难 815人受伤	2005年8月31日，伊拉克约100万名穆斯林聚集在巴格达的伊玛目穆萨·卡齐姆清真寺附近，参加例行的纪念活动。当数千名什叶派穆斯林从一座桥上通过时，突然有人谎称有自杀式炸弹袭击，结果导致桥上发生灾难性踩踏事件，造成至少965人死亡，815人受伤
2005年1月25日	印度马哈拉施特拉邦	300多人死亡 数百人受伤	2005年1月25日，印度马哈拉施特拉邦曼达德维神庙在举行大型宗教集会时，参加祈祷的人群中发生大规模踩踏事件，造成300多人死亡，数百人受伤
2004年2月5日	北京市密云县	37人遇难	2月5日，密云县在密虹公园举办的第二届迎春灯展第六天，晚7时45分，因一观灯游人在公园桥上跌倒，引起身后游人拥挤，造成踩死挤伤游人特别重大事故，37人死亡，15人受伤

续表

时间	地点	伤亡人数	概述
2004年2月1日	沙特麦加	244人遇难 200多人被踩伤	沙特阿拉伯圣城麦加的朝圣活动，信众在进行“射石”时发生混乱，踩死244人，伤244人
2001年5月9日	加纳首都	126人遇难	2001年5月9日，观看足球比赛的球迷在加纳首都阿克拉发生踩踏事件，126人死亡
1998年4月9日	沙特麦加	至少118人遇难 180多人受伤	1998年4月9日，朝觐者在沙特麦加附近的米纳地区一个桥洞举行宗教活动时，由于拥挤造成人群相互践踏，造成至少118人死亡、180多人受伤
1996年10月16日	危地马拉	90人遇难 150人受伤	1996年10月16日，在危地马拉一个体育场观看危地马拉对哥斯达黎加的世界杯预选赛的观众发生踩踏事件，造成90人丧生，150人受伤
1994年8月13日	刚果（布）首都	150人遇难	8月13日，在刚果（布）首都布拉柴维尔一所教堂参加宗教活动的人群发生踩踏，造成至少150人死亡，其中多数是儿童
1990年6月2日	沙特麦加	1426人遇难	1990年6月2日，在沙特麦加附近米纳的一处地下通道发生严重踩踏事件，1426名朝觐者被踩死或窒息而死，其中多数为亚洲人
1989年4月15日	英国谢菲尔德	96人遇难 300余人受伤	英国利物浦队与诺丁汉森林队在谢菲尔德一个体育场举行比赛。警察打开体育场一处入口大门，2000名没有球票的球迷涌入体育场，与看台上的球迷挤成一团。96名利物浦队球迷在踩踏中死亡，另有300余人受伤
1988年3月12日	尼泊尔加德满都	100多人遇难 300多人受伤	尼泊尔加德满都国家体育场举行足球比赛时，突然天降冰雹，寻找躲避处的观众乱作一团，酿成踩踏惨剧，共有100多人死亡，300多人受伤

图 5-47　商场室内的衣服等物品（摄影：姚攀峰）

（4）安全等级

钢筋混凝土框架商场在设防大震或者巨震作用下的安全等级可以划分为 III 级、IV 级、或者 V 级。

（5）目标安全区

对于多层钢筋混凝土框架结构商场，推荐目标安全区首选是室外，其次是室内三角区逃生，例如：不受吊顶、砌体墙等非结构物倒塌威胁的空间，内部钢筋混凝土柱周边，参见图 5-48 和图 5-49，最后选择室内原地逃生，安全等级可以划分为 III、IV、V 级。

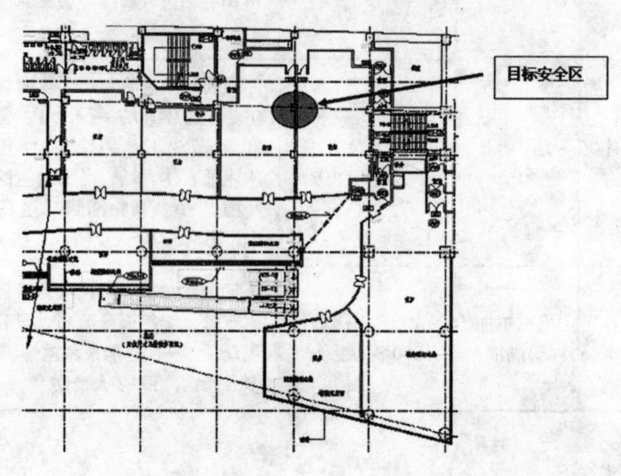

图 5-48　某商场典型安全区示意（制图：姚攀峰）

图 5-49　柱周边避难

(6) 逃生流程

对于室内原地逃生，可采取以下应对流程：

1）原地避难采用站立式护头；

2）第一次地震停止（约 3 分钟后），立即采用护头快走从楼梯间转移到室外空旷地带，有序撤离，防止践踏（图 5-50）。

图 5-50　有序撤离的人群（日本“3·11”地震，2011，9.0 级）

对于一楼人员或者楼可能倒塌的情况，优先选择采用下伏式速跑转移到室外安全岛。

(7) 注意事项

不要到卫生间进行避难！通常而言，对多层框架结构房屋，其卫生间是砌体墙，在地震中容易倒塌，造成逃生人员伤亡，参见图 5-51。

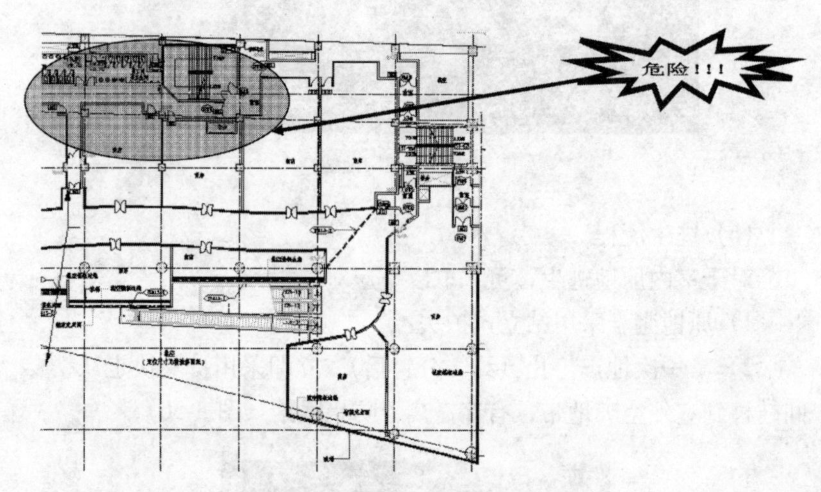

图 5–51　某商场典型危险区示例（制图：姚攀峰）

慎重到楼梯间避难！楼梯间是框架结构的薄弱环节，周边的砌体填充墙容易倒塌造成人员伤亡。

不要采用低蹲护头行动！以防止被践踏。

远离玻璃等易碎物品。

(8) 逃生案例 [70]

2011 年 3 月 11 日日本东部发生 9.0 级地震时，我正随旅游团在东京旅游。当地时间当天下午两点多，我随团参观了东京著名的商业街——新宿购物街。在车站南部一家大型购物中心里，我们正兴致勃勃地选购商品，突然感到地面剧烈晃动，货架倒了下来，天花板上的装饰纷纷掉落。我的第一个反应是地震了，赶紧往外跑。购物中心的工作人员却很平静，一边让顾客不要慌，一边指挥顾客从安全通道逃生。

街道上，靠近建筑物的一边满是掉落的玻璃和墙面装饰的碎片，余震不断。地铁停运了，在附近的一个出租车停靠点，１００多人在等着打车。尽管有地震，人们都很着急，但仍然有序地排队。

出租车不多，我决心走回宾馆。路上的行人很多，随着天色渐暗，从市中心向周边移动的人流愈发密集，但没有出现混乱。似乎早有防备，一些行人头上戴着头盔，很多人随身带着急救包，里面除了应急食品、药品和工具，还有一个收音机，用来收听最新信息。许多路段的车流行驶缓慢，但没有车抢道。坐电车大约半小时的路程，我走了近 4 个小时。

这个逃生案例说明，在地震中，商场的灯具、货架是危险源，可能造成人员伤亡，需要保护头部，由于我国是框架结构，墙体通常是砌体填充墙，填充墙可能造成人员伤亡，奔跑到填充墙处不是理智的选择，可考虑转移到框架柱的区域。

5.4 城市办公楼、旅馆

我国城市办公楼和旅馆有多层和高层，其中多层主要是砌体结构和框架结构，砌体结构的办公楼和旅馆地震逃生参见 5.1.1 节，框架结构的办公楼和旅馆地震逃生参见 5.1.2 节。本节重点讲述城市高层和超高层的办公楼和旅馆的地震逃生，高层和超高层的办公楼和旅馆的结构主要是框架剪力墙结构、剪力墙结构、筒中筒结构，剪力墙结构逃生特点参见 5.1.3 节。

（1）特点

主体结构是柱和剪力墙的结合，楼板是现浇楼板，室内二次装修较为复杂，有大量的桌椅，正常使用期间人员较多，但是人员分布较为分散，通常处于清醒状态，底层和地下通常为商业功能，作为餐饮、商场等。

框架—剪力墙结构，下简称框剪结构，是指由若干个框架和剪力墙共同作为竖向承重结构的结构体系，是近代钢筋混凝土和钢材兴起之后的新型结构形式。框架结构建筑布置比较灵活，可以形成较大的空间，但抵抗水平荷载的能力较差，而剪力墙结构则相反。框架—剪力墙结构使两者结合起来，在框架的某些柱间布置剪力墙，从而形成承载能力较大、建筑布置又较灵活的结构体系。在这种结构中，框架和剪力墙是协同工作，具有二次抗震性能。部分建筑物利用核心的剪力墙组成筒体，抗震性能更好。现浇钢筋混凝土框剪结构抗震性能为优，在历次地震中总体表现良好，参见图 5-52。

图 5-52 某高层办公楼（摄影：姚攀峰）

筒体结构指由一个或数个筒体作为主要抗侧力构件而形成的结构，是由密柱高梁空间框架或空间剪力墙所组成，在水平荷载作用下起整体空间作用的抗侧力构件，该楼是国贸三期主塔楼，高330m，是目前北京最高的建筑，筒中筒结构，参见图5-53和图5-54。

图5-53 国贸三期A阶段主塔楼－筒中筒结构（摄影：姚攀峰）

筒体结构适用于平面或竖向布置繁杂、水平荷载大的高层或者超高层建筑。筒体结构分筒体—框架、框筒、筒中筒、束筒四种结构。筒体结构

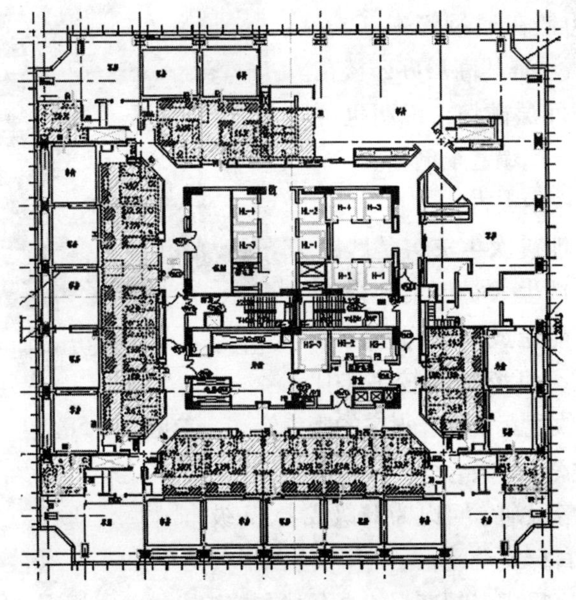

图5-54 某宾馆平面（图片来自网络）

多用于高层或超高层建筑，超高层建筑物大多数是筒体结构。

(2) 原生灾害

当房屋遇到大震或者巨震时，房屋破坏，很少倒塌，在历次地震中总体表现良好；房屋中的非结构物（吊顶等）可能倒塌，填充墙可能倒塌。图 5-55 所示是马那瓜美洲银行办公楼，这是筒中筒结构，在 1972 年的马那瓜强震中未倒塌，甚至未严重破坏，而当时其他房屋近 1 万多栋夷为平地；图 5-56 所示是丽江某大楼，遭遇 7.0 级强震，仅 9 层隔墙开裂，13 层剪力墙在通风管旁开裂；图 5-57 所示是某高层办公楼在地震中中间层破坏，说明也可能发生局部倒塌甚至倒塌。

图 5-55 地震后的美洲银行
（图片来自网络）

图 5-56 丽江县电力调度中心大楼 [71]

(3) 次生灾害

主要地震次生灾害是践踏和火灾，逃生人员汇集到楼梯间时，可能造成践踏伤害，尤其是旅馆，可燃物品较多，且经常有餐饮配套设施，火灾的概率较高，参见图 5-58。

(4) 安全等级

安全等级通常可以为 II 级或者 III 级。

(5) 目标安全区

对于高层或者超高层的办公楼和旅馆，推荐目标安全区首选是

图 5-57 阪神地震中某建筑物中间层破坏[72]

图 5-58 餐厅的燃气灶（摄影：姚攀峰）

室内原地，例如：办公桌底下，安全等级可以划分为 II 级。

会议室或者中庭往往存在大量的复杂吊顶、灯具等，是危险源，参见图 5-59 ~ 图 5-61。

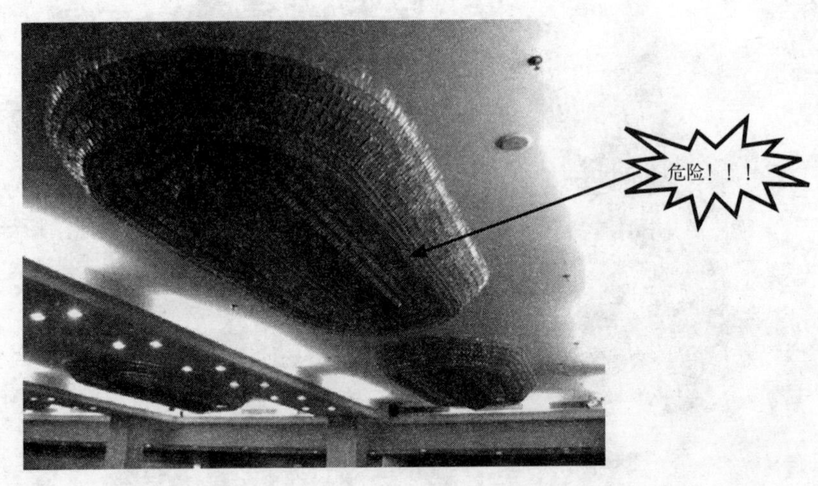

图 5-59　危险的吊顶和灯具（摄影：姚攀峰）

图 5-60　中庭天窗（摄影：姚攀峰）

图 5-61　高大鱼缸（摄影：姚攀峰）

（6）逃生流程及逃生行为

对于室内原地逃生，可采取以下应对流程：

1）采用室内原地逃生，找最近的桌下避难，采用低蹲式护头，参见图 5-62；

图 5-62　某办公楼人员在桌下逃生 [73]

2）第一次地震停止（约3分钟后），灭火；

3）采用护头快走从楼梯间转移到室外空旷地带，有序撤离，防止践踏。

历次地震中，倒塌的房屋很少，在这种房屋里面一般是比较安全的，生命是有保障的，可以比较从容地采取各种措施，灭火后再撤离，避免火灾等次生灾害的发生，同时尽可能地减少财产的损失。

对于餐厅人员，可就近到餐桌下，危险源参见图5-63、图5-64。

（7）注意事项

不要到卫生间进行避难！通常而言，对高层或者超高层办公楼或者旅馆房屋，其卫生间是砌体墙或者轻钢龙骨隔墙，砌体墙在地震中容易倒塌，轻钢龙骨隔墙在地震中不容易倒塌，但是地震中难

图5-63 餐厅餐饮（摄影：姚攀峰）

图 5-64　餐厅（摄影：姚攀峰）

以准确辨认，而且零碎的物件比较多，易造成人员轻伤，所以不要逃往卫生间，以免造成逃生人员伤亡。

远离外窗和外墙！这种结构在地震中外墙和外窗较易发生破坏，所以应该远离外墙和外窗。

可到楼梯间避难！楼梯间通常是核心筒的一部分，不易破坏或者倒塌，其填充墙倒塌的概率也不是很大。

(8) 逃生案例

[逃生案例 1][74]

地震来袭时，城北乡黄坦洞村的 ×× 正在日本东京一幢数十层高的写字楼里上班。"当时，我刚到办公室坐下不久，大楼就开始剧烈摇晃。" ×× 说，在他还没明白发生了什么事时，就有日本籍的同事在高声呼喊："大家都不要慌，地震了，没事的，我们都演习过无数次地震逃生了。来，都戴上头盔，不要靠近有玻璃的柜子、窗户……" 开始时 ×× 有点害怕，但日本籍的同事个个从容不迫，使他也镇定了许多。当大楼还在摇晃时，他们便纷纷躲到可以藏身的地方寻求庇护。大楼摇晃暂停时，他们连忙戴着早已准备好的头盔，有序撤出大楼，来到附近一空旷的公园里。

[逃生案例2][75]

14:46 一阵罕见的强震突然袭来，办公桌上的物品瞬时掉得满地都是。一开始我还强作镇静，和小林一起努力地去扶显示屏，试图不让它从桌子边缘掉下来。坚持了数秒之后，地震不仅没有丝毫减缓，反而愈加猛烈起来。也许是意识到了这次地震非同寻常，也许是根本就站不起来，一向镇定的日本同事们居然有人钻到了桌子底下。紧接着，顶棚摇晃的声音越来越大，白色的石灰沙沙地往下落，各种各样的警报声响作一团，我们再也顾不得许多，腿一软也钻进桌子下面。心里七上八下的我赶紧开始给家人打电话，忽然，啪的一声所有的灯都灭了，警报声也都停了，只有房子依旧轰隆隆地晃个没完，房子真的就快要倒了吧……

14:47 地震似乎消停了一会，趁着这点空隙，跟着大家迅速往楼外撤。因为只是2层，一会工夫50多人全部撤到了楼下的停车场，暂时安全了。

从逃生案例1和逃生案例2可知，办公室逃生人员可就近躲进办公桌下面。

[逃生案例3][76]

2011年3月11日下午3点03分，正在和××等人讨论在BRB上架设位移计的方案，正在对面焊螺栓的老师傅突然抬起头将信将疑地说："地震？"大家扭头顺着他的目光向不远处的反力架看去，反力架正在晃动，吊车也在振动，并且越来越剧烈。稍等了一会儿，地震仍没有停息的迹象，我们立即跟着濱田走出试验场。每田和另外几名工人还在里面观望。××把他们也喊了出来。

站在试验场大门口，眼睁睁看着门里面正将一台反力架吊离地面的吊车剧烈地晃动。濱田命令一名工人立即去将吊钩放下。正当工人去放吊钩的时候，一轮巨大的振动袭来，试验场开始猛烈摇晃，铁皮外墙噼啪作响。见势不妙，大家拔腿就跑，跑出二三十米到了空旷的地方才停下来。路边堆放的巨大混凝土块也在地震中砸了下来，幸好没砸到路上。因为尚可以奔跑，可见地面加速度并不大；加之振动持续时间很长，可以初步判断在距我们较远的地方发生了巨大的地震。

回头看那试验场，还在地震的肆虐下扭动身躯。作为一名地震工程专业人员，之前经常在计算机中模拟各种建筑物在地震作用下的动力响应，也见过如 E-Defence 那样巨大的振动台试验，这次却是我第一次亲眼目睹建筑物在真实的地震中的变形。据目测，试验场刚架结构顶部的最大水平变形大概为 30cm，且沿建筑物横向（即刚架平面内）的变形较大。可能因为心理上有些紧张，放大了对所看到的变形的估计。十几米高的厂房若真的发生 30cm 的水平变形，即相当于约几十分之一的层间位移角，一些构件应该已经进入塑性了。

从逃生案例 3 可知，地震来临，在一楼的人员可以采用下伏式速跑逃生。

[逃生案例 4]

2011 年 3 月 24 日，缅甸发生 7.2 级地震。当时，杨 × 在西双版纳一个宾馆的 4 楼。当缅甸发生 7.2 级大地震时，由于当地离震源较近，宾馆的整个房屋都在晃动，时间持续 1 分钟。在场人员吓得不知所措。根据在日本学到的经验，杨 × 赶紧把门打开，以免变形，留下一条逃生的路。地震波一过，杨 × 快速下楼。这时离地震发生已有一段时间，但楼梯仍然拥挤着大量人群。“等跑到空旷地方我才发现，很多旅客都没有穿鞋。大地震过去快三年了，但人们面对灾难依然束手无策。”杨 × 感叹。

本逃生案例的杨 × 是从事防震减灾工作的，但是其行为是错误的，如果该宾馆抗震性能较强，应该室内原地逃生，选择最近的桌下，防止坠物砸伤自己，如果该宾馆的抗震性能较差，如砌体等，应该下伏式速跑，选择迅速向室外撤离，或者选择室内三角或者室内避难间逃生。

[逃生案例5][77]

“我当时正在公司上班，公司就在西雅图特科马国际机场旁边，也正是全西雅图位于震中最近的地点。强烈的震动突然袭来，我当时一开始以为是建筑载重汽车经过，但是随后震动越来越强烈，同时听到很大的咚咚声，还伴随墙壁、窗户、玻璃以及家具扭曲和晃动的声音，我这才意识到是地震，有同事惊叫‘EARTHQUAKE’，我们就本能地跑出了大门，现在回忆起来，当时的感觉就像在晃动的小船上跑步，不断的晃动使我很难保持向前，只能左右扶着墙壁，磕磕绊绊勉强跑出了屋外。直到门外的停车场，回头看着公司，还能听到仓库的大铁门不住的咚咚响（由于晃动）。而停车场中的很多汽车都发出了警报声。震动又持续了相当长的一段时间，才渐渐平息了下去。随后，其他公司的职员也纷纷涌出大门，每个人脸上都流露着惊恐。我这才意识到他们都做出了当时应当做出的反应——立刻躲到桌子底下，而像我们这样惊慌跑出大门的做法是错误和危险的。幸亏美国的房屋多为一层或两层，且多为木结构，所以没有太大损失，而城区的一些砖建筑则损失严重。待震动过后，我们回到屋内，看到公司所有的抽屉都打开了，文件柜的抽屉大开，库房里书架上的东西掉落了一地。我打开收音机，数个电台同时开始广播关于地震的消息。我意识到我家里可能出现漏水和着火的可能，所以便开车回家检查。”

本逃生案例是震中区的强震逃生，对于一层的居民可以考虑转移到室外安全区，迅速逃生出去的。

5.5 城市影剧院、会展中心、体育馆

影剧院、会展中心、体育馆通常是城市中的公共建筑物，主要用于公众活动，是相对重要的建筑物，安全等级相对较高。为了使用方便，主体结构通常采用大跨度的结构型式。本节主要针对大跨结构型式的影剧院、会展中心和体育馆。

（1）特点

主体结构主要是框架结构，楼板为钢筋混凝土楼板，大跨度屋盖通常采用钢结构屋盖。室内二次装修简单，有大量的椅子，正常使用期间人员较多。抗震性能通常为优或良，参见图 5-65 ~图 5-69。

图 5–65　国家歌剧院（摄影：姚攀峰）

图 5–66　国家体育场外观 – 鸟巢（摄影：姚攀峰）

图 5-67 国家体育场内景 - 鸟巢（摄影：姚攀峰）

图 5-68 深圳大运会某场馆外景（摄影：姚攀峰）

图 5-69　深圳大运会某场馆内景（摄影：姚攀峰）

（2）原生灾害

当房屋遇到大震或者巨震时，房屋可能破坏，但是很少倒塌；对于体育馆或者体育场，其房屋中的非结构物较少，非结构物造成伤害的概率较低，参见图 5-70 所示的绵阳九洲体育馆在汶川地震中安然无恙，后来成为灾害救援中的安置点，安置了将近 3 万人。对于影剧院和会展中心，吊顶和隔墙等可能破坏甚至倒塌。

图 5-70　震后的绵阳九洲体育馆（摄影：郑宇钧）[78]

（3）次生灾害

主要地震次生灾害是践踏，倘若场馆在使用期间，逃生人员众多，在地震中易惊慌造成践踏伤害。

体育馆（场）中可燃物较少，火灾发生的概率较低。会展中心和影剧院则有较多的可燃物，火灾的概率较高。

（4）安全等级

安全等级通常为 II 级或者 III 级。

（5）目标安全区

对于大跨度的影剧院、会展中心、体育馆，推荐目标安全区是室内原地，安全等级可以划分为 II、III 级。

（6）逃生流程及逃生行为

1）室内原地逃生，站立式护头，不宜下蹲；

2）第一次地震停止（约 3 分钟后）有序撤离；

3）立即采用护头快走法从楼梯通道转移到室外空旷地带。

这些大跨结构是抗震性能为优的一种结构形式，历次地震中，倒塌的很少，经常作为避难所。在这种房屋里面一般是比较安全的，生命是有保障的，可以比较从容地采取各种措施。但是慌乱中人员践踏往往造成较多的不必要伤害，一定要有组织的按照秩序撤离。参见图 5-71。

图 5−71 避难人群把体育场馆作为避难所（日本“3· 11”地震，图片来自网络）

(7) 注意事项

不要采用下蹲式护头！地震中人群慌乱，且这些场合人流大，容易践踏造成伤害，所以不能采用下蹲式护头。

(8) 逃生案例[79]

日本“3·11”地震中，KAT-TUN的亀梨和也当天正好为录制日本电视台《GOING！》节目在横滨体育场进行采访。比赛开始后，亀梨就一直在场内不显眼的地方全神贯注看着比赛，地震发生后，他立即往出口处逃生，“当时他被吓得表情僵硬”。

亀梨的逃生方法是错误的，在体育场完全可以采用站立式护头，在体育场原地逃生即可，盲目的冲向出口，容易造成人员践踏。

5.6 城市地铁站

地铁是城市重要交通工具，地铁站是城市人群经常进出的地方。

(1) 特点

地铁站是地下建筑物，通常外侧需要钢筋混凝土挡土墙，内部为框架柱，从抗震角度来看，主体结构是框架和剪力墙的结合，楼板是现浇楼板，安全等级高；室内二次装修较为简单，填充墙较少，正常使用期间人员较多，参见图5-72。

图5-72 地铁站（摄影：姚攀峰）

(2) 原生灾害

当地铁站遇到大震或者巨震时，可能破坏，极少倒塌；房屋中的非结构物（吊顶等）可能倒塌，填充墙可能倒塌。

（3）次生灾害

主要地震次生灾害是践踏，地铁站中人员较为密集，尤其在上下班期间，由于人员慌乱和拥挤，造成践踏的风险比较大；难燃物品较多，发生火灾的概率较低。

（4）安全等级

安全等级通常可以为II级或者III级。

（5）目标安全区

推荐目标安全区是室内原地，安全等级可以划分为II、III级。

图 5-73　地铁入口（摄影：姚攀峰）

（6）逃生流程及逃生行为

1）室内原地逃生，站立式护头；

2）第一次地震停止（约3分钟后）；

3）立即采用护头快走法从楼梯间转移到室外空旷地带。

地铁站位于地下，在地震中和地基一块震动，且本身的结构安全度较大，所以一般较上部建筑物更加安全，在这种房屋里面一般是比较安全的，生命是有保障的，可以比较从容地采取各种措施，灭火后再撤离，避免火灾等次生灾害的发生，同时尽可能地减少财产的损失。最大的危险在于周边房屋倒塌，把该部分掩埋，这种情况很难应对。

（7）注意事项

不要趴到地上，以防止被践踏。

远离玻璃等易碎物品。

（8）逃生案例

可参见 5.5 节逃生案例。

5.7 城市别墅

我国有相当一批城市别墅，城市别墅多为 1 ～ 3 层房屋，装修比较豪华，人员比较稀疏。城市别墅的主体结构有砌体结构、钢筋混凝土剪力墙结构、框架结构，其中框架结构地震逃生参见 5.1.2 节，钢筋混凝土剪力墙结构地震逃生参见 5.1.3 节，本节重点讲解砌体结构城市别墅。

（1）特点

砌体别墅是砖、混凝土砌块等，楼板一般为现浇钢筋混凝土楼板，通常有圈梁构造柱，抗震性能较好，倒塌相对较少。砌体为不可燃材料，耐火性较好，参见图 5-74 ～图 5-76。

图 5-74 砌体建造住宅，施工现场（图片来自网络）

图 5-75　使用砌体建造住宅，施工现场，正面一角的外观（图片来自网络）

图 5-76　砌体别墅（图片来自网络）

（2）原生灾害

当房屋遇到大震或者巨震时，房屋破坏、局部或者全部倒塌，但是倒塌的概率比较低；房屋中的非结构物（柜子、吊灯等）可能倒塌。

（3）次生灾害

多层砌体住宅房屋的主要地震次生灾害是火灾，地震中，电线、燃气可能引发火灾，家具等易燃物导致火继续燃烧；由于砌体结构为非可燃物，砌体房屋的抗火性要远高于木结构房屋。

（4）安全等级

多层砌体住宅房屋在设防大震或者巨震作用下的安全等级可以划分为II、III、IV。

（5）目标安全区

对于砌体别墅，推荐安全区是卫生间或者室外。卫生间的安全等级可以划分为III或IV级，室外的安全等级可以划分为II或III级。

由于砌体别墅比较低矮，且有圈梁构造柱，在地震中倒塌的概率较低，所以可以选择室内为目标安全区。砌体房屋中的死伤多是装修物品等砸伤。

（6）逃生流程及逃生行为

优先推荐：室内避难间逃生法或者室外安全岛逃生法。

1）采用低重心速跑法转移到卫生间；

2）第一次地震停止（约3分钟后），灭火；

3）立即采用护头快走法从楼梯间转移到室外空旷地带。

对于一楼人员可优先选择采用低重心速跑法转移到室外安全岛。

如果逃生时间不充分，也可选择室内原地逃生法或者室内三角区逃生法。

（7）注意事项

不要到楼梯间进行避难！通常而言，对多层砌体房屋，其楼梯间是薄弱部位，在地震中容易倒塌，造成逃生人员伤亡。

远离玻璃等易碎物品。

（8）逃生案例

可参见 5.1 节所示逃生案例。

5.8 古建筑物

我国古建筑以木结构为主，有部分砌体结构。

5.8.1 砌体古建筑

（1）特点

我国部分古建筑是砌体结构，通常是砖木混合结构，墙体为砖或者石材，屋盖为木构架和瓦片组成，楼板是钢筋混凝土楼板或者木楼板，抗震性能通常较差。室内二次装修简单，室内人员主要是参观人员。通常是一层或者二层，房屋内部往往无卫生间。参见图 5-77 ~ 图 5-79。

图 5-77 北京某砌体城楼（摄影：姚攀峰）

图 5-78　清华学堂（摄影：姚攀峰）

图 5-79　北京某教堂（摄影：姚攀峰）

(2) 原生灾害

当房屋遇到大震或者巨震时，房屋倒塌；房屋中的非结构物倒塌，如吊灯等。

图 5-80 所示是 2009 年 4 月 9 日，意大利拉奎拉市发生地震，地震震级是 6.3 级，多座古老建筑及许多文艺复兴时期的珍贵文物在地震中遭严重损坏，造成了难以挽回的损失：圣马西莫大教堂遭损毁；圣玛利亚教堂的中堂部分塌毁，至少两座教堂的圆顶被震出了窟窿；圣玛利亚教堂以北的圣伯尔纳教堂，也有钟楼倒塌。图 5-81 所示的北京某教堂内部悬吊物在地震中是危险源。

图 5-80 拉奎拉市内一座教堂的圆顶被震毁 [80]

图 5-81 北京某教堂内部悬吊物（摄影：姚攀峰）

(3) 次生灾害

主要地震次生灾害是逃生人员践踏，可能造成践踏伤害。

可燃物较少，火灾的概率较低。

(4) 安全等级

安全等级通常可以为IV或者V级，在地震中容易破坏甚至倒塌。

(5) 逃生路径

推荐目标安全区是室外，安全等级可以划分为II、III级。

(6) 逃生流程及逃生行为

下伏式速跑到室外。

这种房屋在地震中倒塌概率很高，但是往往只有一层或者两层，有可能快速撤离出来，所以应该立即撤离。

(7) 注意事项

不要蹲到地上，以防止被践踏。

5.8.2 木结构古建筑

中国古代有大量的木结构房屋，木结构的优点是取材容易，加工简便，自重较轻，便于运输、装拆，能多次使用，著名的有应县木塔等。由于木结构耐火性较差，保留到今天的木结构建筑不是很多，主要以寺庙、宫殿等为多（图 5-82）。

图 5-82　北京颐和园仁寿殿（摄影：姚攀峰）

(1) 特点

主体结构是木结构，屋面是瓦，室内二次装修简单，主要是参观人员，木材由于时间较长，存在虫害、腐蚀、裂缝的可能性，抗震性能通常较差。通常是一层或者二层，房屋内部往往无卫生间。参见图 5-83 ~ 图 5-87。

图 5-83 某木结构梁（摄影：姚攀峰）

图 5-84 某木结构屋面（摄影：姚攀峰）

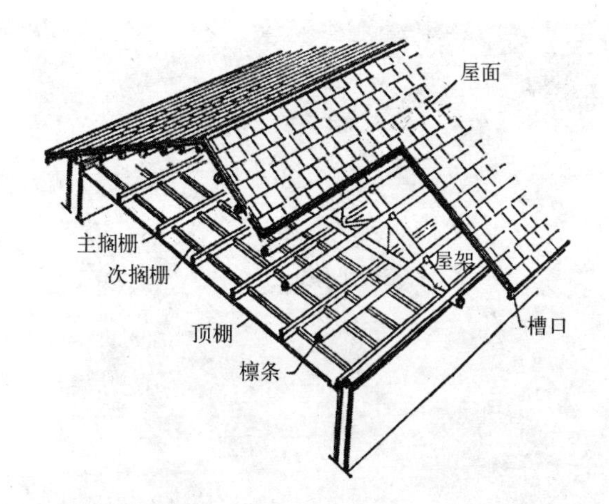

图 5-85　木结构坡屋顶示意

图 5-86　北京某古建柱开裂（摄影：姚攀峰）

图 5-87 北京某古建柱脚（摄影：姚攀峰）

(2) 原生灾害

当房屋遇到大震或者巨震时，房屋破坏或者倒塌，但是抗震性能通常优于砌体结构房屋；房屋中的非结构物（吊顶等）倒塌。

图 5-88 所示是汶川地震中的都江堰二王庙残存的古迹，该建筑群主要是清朝和民国期间建造的，2008 年 5 月 12 日，8.0 级强震使都江堰二王庙所处的山体局部向岷江一侧下滑，距离中央主断裂带 1.3 公里的二王庙古建筑群全部受损。戏楼、厢房、52 级梯步、照壁、三官殿、观澜亭、疏江亭……总建筑面积 12000 多平方米的二王庙，在此次地震中严重损毁面积 4000 多平方米，部分损毁面积 7000 多平方米。图 5-89 是 1995 阪神地震中，大量木结构房屋破坏。

图 5-88 汶川地震中残存的二王庙（摄影：杜洋）

图 5-89 木结构房屋破坏
（阪神地震，1995 图片来自网络）

(3) 次生灾害

主要地震次生灾害为火灾。

整个房屋主体结构均为可燃物，发生火灾的概率很大，现代

图 5-90 某古建电气设备（摄影：姚攀峰）

改建之后的古木结构，通常有电器之类，加大了火灾概率，参见图 5-90。

木结构房屋的抗震性能是中、差。木结构房屋在直接承受地震作用时，尚可能保持房屋不受破坏，但是在地震的次生灾害中，可能彻底毁坏，如遭到火灾，日本 1921 年东京地震多数木结构住房在火灾中烧毁。

[地震火灾案例][81]

1923 年 9 月 1 日，日本的横滨和东京一带发生的地震灾害。这一带在日本称为关东地区，故此震习惯上被称为关东大地震。震中在附近的相模湾内，在东京的西南方约 70 ～ 80 公里，震级为 8.2 级（日本所定震级，最高为 7.9 级，最低为 7.8 级）。据日本政府发表的数字，死亡和失踪的人数共计 14 万余人，其中东京的 4 万余人是被大火包围因烘烤或窒息而死。一些抗震性差的木造房屋大多在地震中完全倒塌毁坏，损失严重。

地震发生时又正值中午做饭时间，房屋一塌几乎马上起火。东京、横滨虽然开始火势很小，但因为地下供水管道破坏，消防设施也已震毁，许多街道拥挤狭窄，消防人员根本无法扑火。救火人员千方百计从水沟和水井中抽水，但是无济于事。当大火临近时，人们争着携带家财用具，拉着人力车逃命，结果堵塞交通，贻误救火，而且把火带过马路，使火势不断蔓延。火长风势，风增火威，熊熊烈火卷起阵阵旋风又使着火区不断扩大。

特别悲惨的是东京下町区（现在的墨田区），约4万人逃到被服厂广场避难。因地处下风，不久广场就被猛烈的大火包围，无路可逃，许多飞溅火星随风而至，衣物家什开始燃烧，整个避难广场一片火海。有不忍烧烤的人跳入河中，不是淹死就是被高温河水烫死，3.8万人活活烧死于此地。

大火燃烧了3天，直至可烧的烧尽。关东大地震引发的次生火灾，燃烧时间、过火面积和死亡人数等在灾难史上留下了难以忘却的印象。

(4) 安全等级

安全等级通常可以为III或者IV级。

(5) 目标安全区

推荐目标安全区是室外，安全等级可以划分为II、III级。

(6) 逃生流程及逃生行为

优先推荐：室外安全岛逃生。

1) 低蹲式速跑到室外安全岛；

2) 组织互救或者灭火。

这种房屋在地震中安全性较好，倒塌概率较低，且往往只有一层，进深较小，有可能快速撤离出来，仍然应该优先选择立即撤离。

木结构的房屋抗震性能较好，也可使用室内原地逃生。

(7) 注意事项

注意火灾！木结构房屋是可燃物，且现在电线等设备较多，易引起火灾（图5-90）。

5.9 特殊通道

竖向通道有安全楼梯、电梯、自动扶梯、玻璃楼梯等，安全楼梯已经在其他章节进行了讲述。本节主要电梯、自动扶梯、玻璃楼梯这些特殊的竖向通道。

5.9.1 电梯

电梯是高层房屋中的必备竖向交通工具，高档的多层或者低层房屋也配置电梯。

(1) 特点

电梯通常由控制柜、电梯主机 、曳引钢丝绳 、主副导轨 、对重装置、桥厢组成，安装在电梯筒中。人员在桥厢中，桥厢通常是钢结构组成，升降通过钢丝绳。电梯筒上下贯通，参见图 5-91 ~ 图 5-94。

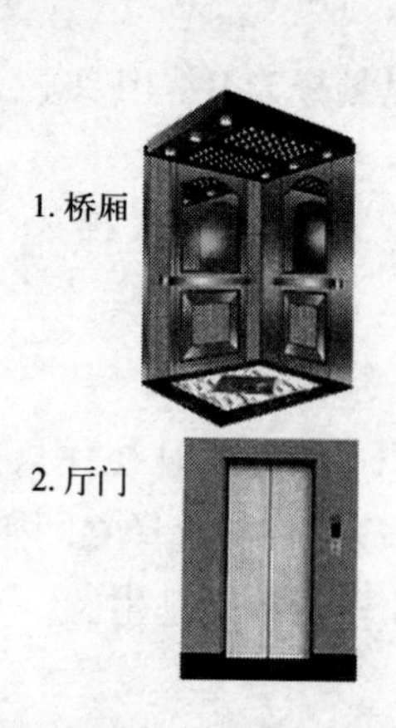

图 5-91 电梯示意
（图片来自网络）

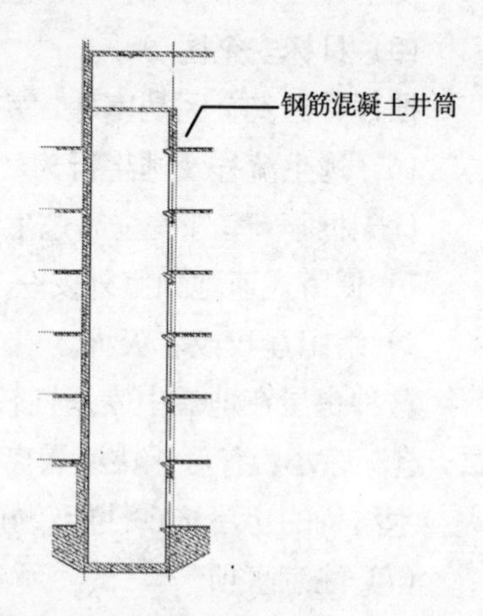

图 5-92 某工程电梯井筒剖面示意（结构设计：姚攀峰）

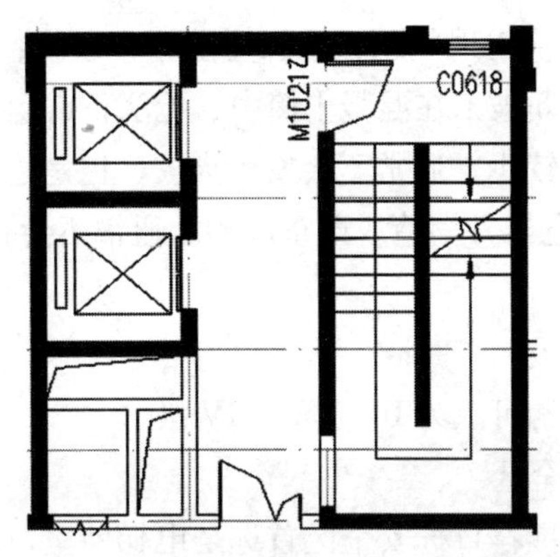

图 5-93　某工程电梯井筒平面示意 1
（结构设计：姚攀峰）

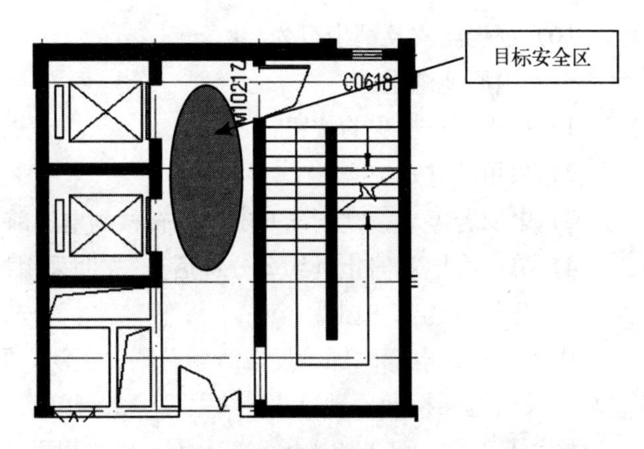

图 5-94　某工程电梯井筒平面示意 2
（结构设计：姚攀峰）

电梯筒通常为钢筋混凝土核心筒，抗震性能较好，部分电梯井筒是填充墙，这在框架结构房屋中居多，抗震性能较差。

（2）原生灾害

当房屋遇到大震或者巨震时，钢筋混凝土组成的电梯井筒较少倒塌；砌体电梯井筒易局部倒塌或者破坏造成人员伤亡。

（3）次生灾害

电梯动力系统出现问题，电梯无法正常运行；电梯井筒变形可能过大，电梯桥厢被卡在混凝土筒中，无法正常运行。

该处可燃物较少，通常不会发生火灾，但是建筑物其他地方可能发生火灾，对电梯井筒造成严重影响。通常不会有其他次生灾害，如洪灾、污染等。

(4) 安全等级

安全等级通常可以为 III 级或者 IV 级。

(5) 目标安全区

对于电梯，推荐目标安全区首选是电梯前室，对于钢筋混凝土筒体的电梯前室，其安全等级可以划分为 II、III 级。其次是桥厢内原地逃生。

(6) 逃生流程及逃生行为

桥厢内原地逃生：

1）按下所有楼层的按钮；

2）采用站立式护头；

3）电梯若停下，立刻离开电梯，转移到电梯前室；

4）第一次地震停止（约 3 分钟后），立即采用护头速走从安全楼梯转移到室外空旷地带。

由于人员在电梯内部，反应时间有限，无法立即逃离出来，所以必须采用电梯桥厢原地逃生；站立式护头可以防止人员践踏，而且电梯一旦开门，可迅速逃出室外，万一电梯出现特殊事故，下冲，可以起到缓冲作用，保护身体。钢筋混凝土的电梯筒抗震性能较好，电梯有自动保护功能，但是地震中房屋变形过大，电梯容易被卡在里面，且地震中无人施救，所以地震一旦停止应该立即离开电梯。

(7) 注意事项

不要采用下蹲式护头！下蹲有可能造成被践踏，电梯停止时，向外撤离缓慢。

(8) 逃生案例：

[逃生案例 1][82]

毕业于美国南伊利诺伊大学的 Johnson 在地震期间真的在一部电梯中经历了地震。

她说："地震是在大约下午 3 点 45 分，我正在电梯中下楼准备上班，到一楼后，我刚从电梯出来就停电了，真是谢天谢地。地震又持续了一阵子。"

她说："我去上班后，又有两次余震，员工们每次都从楼里跑出来避难。震后许多人被要求回家，所以有一阵子交通很拥挤。我家停电一段时间，下午 6 点 45 分又来电了。"

从本案例中可知，地震中可能发生停电等不利影响，从而造成电梯暂停和恐慌，尽快到电梯前室是比较正确的选择。

[逃生案例 2][83]

据"东野语沫"介绍，她在大阪出生，妈妈是吉林人。昨天下午，正与几个朋友去玩时发生了地震，她被困在 27 层的电梯里。

"我我我完全不知道怎么办了，……怎么办怎么办怎么办怎么办，到底怎么办？"

59 分钟后，她更新微博说："目前，本人还活着！终于能爬到微博上了！不容易！就是不知道还能不能活下去！我在日本生活这么多年，第一次遇到这么强烈的地震！手机也丢了！余震不停，我目前被困在 27 层电梯里！不知道一会儿还能不能爬上来！真是忍不住哭了起来！爸妈哥姐弟妹，也许以后见不到了！老公，我爱你！"

"东野语沫"说，当时电梯里还有另外一个中年女子，"那人很冷静，比我强多了，还在安慰我。"

从本案例可知，在电梯中存在被卡住的风险，所以要尽快离开电梯到前室去。如果不幸被卡住，保持冷静和体力，等待救援或者采取自救措施。

5.9.2 自动扶梯

自动扶梯也是一种常用的竖向交通工具，经常在车站、码头、商场、机场和地下铁道等人流集中的地方使用。

（1）特点

自动扶梯的提升高度一般在 10m 以内，倾斜角度一般为 30° ～ 35°，速度一般为 0.5m/s，扶梯宽度单人为 600 ～ 800mm，双人为 1000 ～ 1200mm。

自动扶梯的结构是钢结构，通过预埋件连接到主体结构上，参见图 5-95 和图 5-96。

图 5-95 自动电梯图（摄影：姚攀峰）

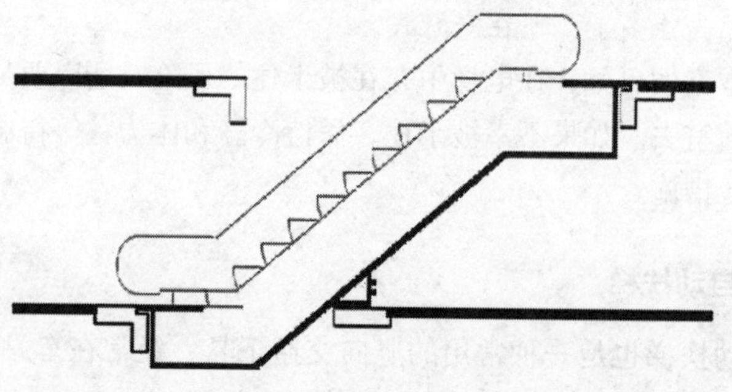

图 5-96 自动扶梯结构示意 [84]

（2）原生灾害

当房屋遇到大震或者巨震时，自动扶梯是通过预埋件连接到主体结构上，可能由于两端变形不同，造成连接失效，进而导致破坏甚至坠落。扶梯上空有空中坠物坠落造成人员伤亡。

（3）次生灾害

次生灾害同所处的建筑物的次生灾害。

（4）安全等级

安全等级通常可以为 III 或者 IV 级。

（5）目标安全区

对于电梯，推荐目标安全区首选是自动扶梯端部的前室，安全等级同所处建筑物的安全等级。

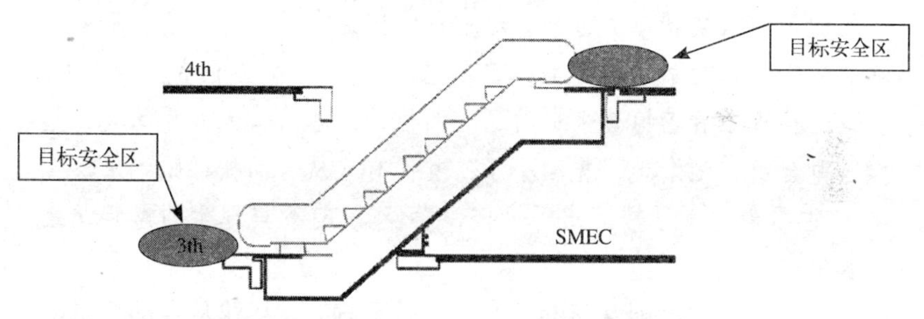

图 5-97　自动扶梯目标安全区示意

（6）逃生流程及逃生行为

1）保护头部，迅速快走，移动到电梯端部的前室；

2）第一次地震停止（约 3 分钟后），立即采用护头速走从安全楼梯转移到室外空旷地带。

（7）注意事项

不要停留在自动扶梯上！

不要在自动扶梯侧面！自动扶梯在地震中容易侧向倒塌。

不要原地低蹲式护头！防止被慌乱的逃生人员践踏。

(8) 逃生案例[85]

地震发生时，蒋 ×× 刚好在东京秋叶原最大的电器商场购物。当时他在4楼，刚刚买好东西付完钱要离开，还没走到电梯口，突然间整幢大楼剧烈地晃动起来。第一感觉是地震了。瞬间，脑子一片空白。墙上挂着的灯具因为晃动撞击顶棚发出可怕的响声，没有固定的货架因地震而杂乱无章地滑动，灯具的碎片不断地掉下来，顶棚上的水泥灰纷纷落在脸上……自动扶梯一直开着，没有受到影响。一个20多岁的韩国女孩受了惊吓，想从自动扶梯跑下楼，却晕倒在电梯口。两名年轻的日本店员看见后，摇晃着奔过去，想合力把她扶起来，可是楼面摇得实在厉害，再用力也无法把她扶起来。两名男店员只好守着韩国女孩不停地用日语安慰她。强烈的震动让蒋 ×× 根本站立不住，就像站在船上遇到大风浪一样，浑身晕乎乎的。但他很快就清醒过来，看见日本店员在向他打手势，示意往墙的方向跑。他就惊慌失措地跑过去，把身子靠在了墙上。旁边，和他一样紧贴着墙惊魂未定的还有两位外国客人。大楼晃动大约持续了5分钟，渐渐地，晃动小了，5楼有人从自动扶梯跑下来，蒋 ×× 也跟着跑下了楼。出了大楼，蒋 ×× 有死里逃生的感觉，终于长舒一口气。

这个案例中韩国女孩的应对措施是正确的，尽快从自动扶梯中离开，仅从地震逃生角度出发来看两名日本店员的逃生行为是错误的，应该地震停止之后去救人。

5.9.3 玻璃楼梯

随着对室内美观效果的追求，目前出现越来越多的玻璃楼梯。

(1) 特点

玻璃楼梯的结构是钢结构和玻璃的组合，参见图5-98、图5-99。

图 5-98　玻璃楼梯1(摄影:姚攀峰)

图 5-99　玻璃楼梯2(摄影:姚攀峰)

(2) 原生灾害

当房屋遇到大震或者巨震时，玻璃楼梯破坏甚至碎裂，造成人员伤亡。

(3) 次生灾害

次生灾害同所处的建筑物的次生灾害。

(4) 安全等级

安全等级通常可以为 III、IV、V 级。

(5) 目标安全区

对于玻璃楼梯，推荐目标安全区首选是玻璃楼梯端部的前室，安全等级同所处建筑物的安全等级。

(6) 逃生流程及逃生行为

1）保护头部，迅速快走，移动到玻璃楼梯端部的前室；

2）第一次地震停止（约 3 分钟后），立即采用护头速走从安全楼梯转移到室外空旷地带。

(7) 注意事项

不要停留在玻璃楼梯上！

5.9.4 玻璃旋转门

玻璃旋转门是比较常用的大门之一，尤其在宾馆等地方应用较多。

(1) 特点

玻璃旋转门的结构是钢（铝）门框和玻璃的组合，参见图 5-100。

图 5-100 旋转门（摄影：姚攀峰）

（2）原生灾害

当房屋遇到大震或者巨震时，玻璃旋转门破坏甚至碎裂，造成人员受伤。

（3）次生灾害

玻璃旋转门停电，把人员困在其中，其他次生灾害同所处的建筑物的次生灾害。

（4）安全等级

安全等级通常可以为Ⅲ级或者同所在建筑物安全等级。

（5）目标安全区

对于玻璃旋转门楼梯，推荐目标安全区首选是室外，Ⅱ级或者Ⅲ级。

旋转门往往直接面对室外，而且人员处于可迅速移动的状态，所以可考虑室外。

（6）逃生流程及逃生行为

1）原地站立式护头；

2）如果能够从旋转门中撤出，采用下伏式速跑，迅速到室外安全地带，如果不能从旋转门中撤出，第一次地震停止（约3分钟后），立即采取脱离措施，推动旋转门或者击碎玻璃，然后护头速走从安全楼梯转移到室外空旷地带。

（7）注意事项

不要下蹲！防止旋转门继续旋转或者人员拥挤造成伤害。

张五常的地震逃生是错误的，其所在的钢结构楼房，抗震性能是较好的，主要的地震灾害是吊顶等倒塌，用手支撑门框是无效的，如果门框变形过大，反而易对其造成伤害，正确的做法找最近的目标安全区，转移到该处，等待地震过去之后，转移到室外。

6 平原城市室外地震逃生

本章的地震逃生方法主要适用以下范围：

1. 环境：本章适用的环境是平原地貌单元下的城市房屋外部；

2. 地震：本章适用的地震是该城市的设防大震及比设防大震还要大的巨震；

3. 人员：本章适用的人员具备可迅速行动能力，并处于可迅速行动的状态。

◇《2012》的地震逃生方法正确吗？[86]

《2012》是一部关于全球毁灭的灾难电影，它讲述在2012年世界末日到来时，主人公以及世界各国人民挣扎求生的经历。

图 6-1　地震中室外驾车逃生（图片来自网络）

图 6-1 所示的是地震中主角杰克逊驾驶着汽车狂奔，摩天大厦在他们身边纷纷倒塌。

这样在地震中的逃生方法正确吗？如果正确，逃生者遵循了哪些主要原则？如果错误，逃生者犯了哪些主要错误？

6.1 城市行人

地震时，城市公路上可能有许多行人。

(1) 特点

行人与汽车均在公路上移动，部分公路设置专用人行道，城市公路车辆众多，周边有房屋、电线杆、有广告牌等，参见图 6-2。

图 6-2 某城市室外道路（摄影：姚攀峰）

(2) 原生灾害

1) 周边的房屋、电线杆等构筑物可能倒塌，造成人员伤亡；

2) 从空中脱落的坠物可能造成人员伤亡；

3) 车辆在地震中失控，造成人员伤亡。

地裂，地陷、液化等，参见 2.6.2 节，但是这几种地震灾害在平原地区造成伤害的概率较低。

(3) 次生灾害

通常不会有滑坡等次生灾害，火灾可能造成比较严重的次生灾害。

（4）安全等级

安全等级通常可以为 II 或者 III 级。

（5）目标安全区

推荐的目标安全区是室外安全岛，安全等级为 II 级。室外的伤亡概率远低于室内，也可选择原地。图 6-3 为一室外安全岛示例，可以看到该区域远离建筑物和构筑物，可以避免房屋倒塌和空中坠物的威胁，离路上汽车距离较远，可以有效地防止汽车事故。

室外危险物除了常见的建筑物、电线杆等，还有围墙、玻璃幕墙、人行天桥等，可参见图 6-4 ～图 6-9。

图 6-3 室外安全岛示例（摄影：姚攀峰）

图 6-4 围墙 1（摄影：姚攀峰）

图 6-5　围墙 2（摄影：姚攀峰）

图 6-6　围墙 3（摄影：姚攀峰）

图 6-7 玻璃幕墙 1（摄影：姚攀峰）

图 6-8 玻璃幕墙 2（摄影：姚攀峰）

图 6-9　人行天桥（摄影：姚攀峰）

（6）逃生流程及逃生行为

1）低重心速跑到室外安全岛区域，若无能力移动，可原地低蹲式护头；

2）地震过去之后（约 3 分钟），到安全等级更高的最近的室外开阔地，如公园、河滨公园等；

3）了解确切的地震信息；

4）积极参与互救组织参与营救。

房屋和电线杆等市政设施在地震中可能倒塌，需要避开。由于地震的水平运动，女儿墙、玻璃、广告牌等空中坠物可水平飞落，击中步行人员，要保护头部，躲开空中坠物和倒塌的房屋。电线杆等市政设施可能断裂，对步行人员造成威胁。公路上车辆难以控制，有可能撞到步行人员。城市有较好的公共设施，应该及时打开收音机了解确切的地震信息并积极参与互救组织。

（7）注意事项

"积极参与互救组织参与营救"！室外人员的伤亡概率远低于室内人员，在地震这种灾难前，宜发扬公益精神，尽可能参与救援其他人员。

(8) 逃生案例

[逃生案例 1]

汉旺镇70岁的袁某地震发生之前，他正催促自己的孙子去学校上学。当时孙子刚走出不到十分钟，他自己也出门倒垃圾，走出门才四五分钟，地震就发生了。

袁某说，他赶紧跌跌撞撞地跑到大街上，看见在街上的人们全部趴在地上，他也一下子扑在地上……就这样，他和他孙子都逃过了这一劫难。由于地震当天是星期二，他的儿子和儿媳妇由于都不在家，所以他们全家5口人全部幸免于难。[87]

[逃生案例 2]

绵竹市汉旺镇已经60岁的陈某，汶川地震时正在镇里的工厂打扫卫生，到下午2点28分时，大地突然左右摇晃起来，摇晃大约持续了四五分钟，站也站不稳，就赶紧趴在地上；紧接着，大地又上下剧烈升降起来，这个过程又持续了一分多钟。地震之后，她赶忙跑回家一看，她的一层结构的房屋已经深陷下去了，完全被埋在了地下。[87]

从本逃生案例可知，即使达到汶川地震这样8.0级的地震，70多岁的老人仍然具有一定的移动能力，所以室外可优先考虑室外安全岛逃生，转移到最近的安全区，如绿化带等，由于室外本身安全等级较高，采用室外原地逃生也可，但是应该用低蹲式护头，以保护头部、减少打击面，避免空中坠物的伤害。

6.2 城市开车

随着经济水平的提高，越来越多的人开车、坐车，有可能在行车过程中遇到地震。

(1) 特点

城市公路车辆众多，行驶通常较为缓慢，周边有房屋，电线杆，高空有人行天桥、广告牌等。

(2) 原生灾害

1）周边的房屋、电线杆等可能倒塌，造成人员伤亡。

2）空中坠物可能造成人员伤亡。参见图 6-10、图 6-11。

图 6-10　映秀镇中的室外汽车

图 6-11　室外汽车 [88]

(3) 次生灾害

主要地震次生灾害是车辆在地震中失控，发生碰撞等事故，造成人员伤亡。

(4) 安全等级

安全等级通常可以为 II 级或者 III 级。

(5) 目标安全区

对于车辆行驶期间的目标安全区推荐为室外汽车内部原地，安全等级可以划分为 II 级。

汽车类似于一个钢结构小房子，可以有效地避免轻型坠物的伤害。

(6) 逃生流程及逃生行为

1）尽可能快地安全停车；

2）打开车门，出车向外逃生或蹲伏于车内座位下，参见图 6-12；

图 6-12　地震中需要打开车门（摄影：姚攀峰）

3) 地震停止后,观察障碍物和可能出现的危险,如:破坏的电缆、道路和桥梁;

4) 收听无线电波,了解确切的地震信息;

5) 积极参与互救组织参与营救。

地震时,公路会运动,车难以操控,可能发生车祸,安全停车是最紧急要做的事情。停车后,立即打开车门,防止坠物把车压变形后无法开门逃生。若有开阔的安全区域,可外出逃生,若两侧是高楼,可选择呆在车内,避免被坠物击中。

若是公交车上的乘客,应该抓紧前面的坐席或把手,车停稳后蹲下并低于座位,地震过后确定避难措施,有序撤离,避免人员践踏伤害。

(7) 注意事项

“积极参与互救组织参与营救”! 室外人员的伤亡概率远低于室内人员,在地震这种灾难前,宜发扬公益精神,尽可能参与救援其他人员。

(8) 逃生案例

最让袁某触目惊心的是,他目击不远处的公路上,一辆辆正在路上奔跑的汽车,在地震中跑着跑着突然失控,一辆辆掉下路边的悬崖。“跟电影里的特技镜头似的,真是太吓人了。我一辈子都忘不了这种强烈刺激。”

从本案例可知,地面和汽车在地震中同时移动,易冲出公路,所以第一步行动是迅速安全停车。停稳后的汽车是比较安全的,它实质是一个钢结构的房屋,但是汽车可能产生较大的变形,导致无法从车中逃出,所以应该在地震后立即打开车门,参见图6-13,该汽车即使在受到巨石冲击,也保证了整体未坍塌。

图 6-13 室外汽车

6.3 城市公园

城市公园是防震减灾较好的场所，通常可兼作避难所，但是也有一些危险区域需要注意和避开。

（1）特点

城市公园人员较为稀疏，以花草树木为主，为了美观，可能有土丘或者湖水，局部有低矮房屋（参见图 6-14）。

（2）原生灾害

1）地裂缝、地陷等对人造成伤害；

2）电线杆、大树等可能倒塌，造成人员伤亡；

3）土丘、堤岸可能崩塌或者滑坡。

（3）次生灾害

主要地震次生灾害是火灾。

（4）安全等级

安全等级通常是Ⅰ级或者Ⅱ级。

（5）目标安全区

目标安全区是室外安全带，安全等级可以划分为Ⅰ级，参见图6-15。

图6-14 北京某公园（摄影：姚攀峰）

图6-15 空旷场地－公园（摄影：姚攀峰）

对于平原城市公园，其安全等级较高，通常可作为避难所，可追求更高的安全目标。

危险地段有景观拱桥、奇石、大树等，参见图 6-16 ~图 6-21。

图 6-16 景观石拱桥（摄影：姚攀峰）

图 6-17 景观石门（摄影：姚攀峰）

图 6-18 牌楼下（摄影：姚攀峰）

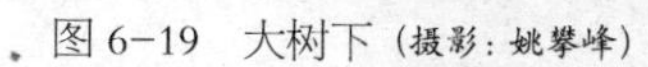

图 6-19 大树下（摄影：姚攀峰）

图 6-20　土崖下侧，危险
（摄影：姚攀峰）

图 6-21　岸边或者陡坡（摄影：姚攀峰）

(6) 逃生流程及逃生行为

1) 原地下蹲护头；

2) 地震过去之后（约 3 分钟），到最近的公园的开阔地，如草坪、活动广场等；

3) 了解确切的地震信息；

4) 积极参与互救组织参与营救。

城市公园通常是地震中最安全的区域，常常被开辟为避难所，地裂缝造成人员伤亡的概率很低。地震来了，可不用躲避，采用原地低蹲、护头方法应对。

城市有较好的公共设施，应该及时打开收音设施了解确切的地震信息并积极参与互救组织。

(7) 注意事项

“积极参与互救组织参与营救”！室外人员的伤亡概率远低于室内人员，在地震这种灾难前，宜发扬公益精神，尽可能参与救援其他人员。

(8) 逃生案例

可参照 6.1 节地震逃生案例。

《2012》的地震逃生方法是错误的，汽车在地震中高速行驶，极易造成翻车等事故，可尽快把车停下来，地震停止后转移。

7 平原村镇地震逃生

本章的地震逃生方法主要适用以下范围：

1. 环境：本章适用的环境是平原地貌单元下的村镇房屋室内和室外；

2. 地震：本章适用的地震是该城市的设防大震及比设防大震还要大的巨震；

3. 人员：本章适用的人员具备可迅速行动能力，并处于可迅速行动的状态。

◇ 都江堰为什么在地震中安然无恙？

都江堰水利工程是我国李冰父子在公元前256年指导建成的，由创建时的鱼嘴分水堤、飞沙堰溢洪道、宝瓶口引水口三大主体工程和百丈堤、人字堤等附属工程构成。科学地解决了江水自动分流、自动排沙、控制进水流量等问题，消除了水患，使川西平原成为“水旱从人”的“天府之国”。两千多年来，一直发挥着防洪灌溉作用。截至1998年，都江堰灌溉范围已达40余县，灌溉面积达到66.87万公顷。

鱼嘴是修建在江心的分水堤坝，把汹涌的岷江分隔成外江和内江，外江排洪，内江引水灌溉。飞沙堰起泄洪、排沙和调节水量的作用。宝瓶口控制进水流量，因口的形状如瓶颈，故称宝瓶口。内江水经过宝瓶口流入川西平原灌溉农田。从玉垒山截断的山丘部分，称为“离堆”。

都江堰水利工程充分利用当地西北高、东南低的地理条件，根据江河出山口处特殊的地形、水脉、水势，乘势利导，无坝引水，自流灌溉，使堤防、分水、泄洪、排沙、控流相互依存，共为体系，保证了防洪、灌溉、水运和社会用水综合效益的充分发挥。

都江堰是水利工程的杰作，在汶川地震中仅鱼嘴开裂(参见图7-1)，整体安然无恙，主要原因是什么？

图7-1　裂缝的“鱼嘴”（摄影：杜洋）[89]

7.1　村镇住宅

我国农村单层砌体结构住宅为多数，本节主要讲述单层砌体结构的地震逃生。随着新农村建设的开展，村镇建设越来越多的多层住宅，其灾害类同城市多层砌体住宅，参见5.1.1节。

（1）特点

房屋是单层，主体结构是砖、石砌体为主，屋面多有木屋架和瓦片组成，部分为预制楼板，室内二次装修较为简单，建造以自建自造为主，正常使用时人员较少，房屋内部往往无卫生间，通常有院落，室外安全等级较高，参见图7-2。

图 7-2　某农村住宅（图片来自网络）

(2) 原生灾害

当房屋遇到大震或者巨震时，房屋倒塌；房屋中的非结构物（吊顶等）倒塌。参见图 7-3 ~ 图 7-5。

图 7-3　某农村破坏的住宅 1（图片来自网络）[90]

图 7-4　某农村破坏的住宅 2（图片来自网络）

图 7-5　某农村破坏的住宅 3（图片来自网络）

（3）次生灾害

火灾是主要的次生灾害，村镇可燃物较多，火灾威胁比较大。

（4）安全等级

安全等级通常可以为 IV 或者 V 级。

（5）逃生路径

目标安全区优先选择室外，安全等级可以划分为 II、III 级。

农村砌体住宅通常没有经过抗震设计，该类房屋抗震性能很差，小震可倒、大震必倒，室内没有真正安全的区域，呆在室内危险性极大。但是，农村房屋进深小，往往在10m之内，室外即较安全的空地，距离很短。普通人20秒之内完全可跑100m，考虑到起跑速度慢等不利因素，若地震纵波到来后立即行动，5 ~ 10秒钟完全可冲到室外，到达比较安全的区域。

(6) 逃生流程及逃生行为

1) 低重心速跑到室外；

2) 组织互救或者灭火。

这种房屋在地震中倒塌概率很高，但是往往只有一层，且人员稀少，有可能快速撤离出来，所以应该不顾财产等，立即撤离。

(7) 注意事项

“积极参与互救组织参与营救”！

农村房屋抗震性能差是短期无法改变的，但是农村地广人稀，食品供给分散化，室外生活成本低，对生产影响也较小。农村居民教育水平总体较低，更应该加强地震灾害教育和演习，使得他们明白地震马上到来时的种种现象，一旦地震能够立即行动，避免死亡。逃生出来的人员通常是村镇青壮年，且房屋多是一层，被压埋人员容易救援，所以要尽快积极参与互救组织，参与营救。

(8) 逃生案例

映秀镇53岁的何某比一般人更敏锐，他在电力公司一层的理发店修面，地面刚开始震了两下时，理发师还没有任何反应，何某跳出来的同时，一掌将理发师推出。楼层同时倒塌，理发师的头被砖块砸破，命保住了[91]。

从这个案例可知，对于农村的居民，其通常处于一层，如果行动迅速，地震中逃生的概率是比较大的。

7.2 村镇教室

我国村镇学校以砌体结构为主，有部分的框架结构。表 7-1 是四川省某县校舍的统计结果，可以看到砌体结构校舍占据 77.8%，框架结构房屋占据 5.8%，其他房屋占据 16.4%[92]。

校舍结构形式 表7-1

校舍结构形式	框架	砌体墙混凝土楼盖	砌体墙木楼盖	土坯墙木楼盖	合计
建筑面积（m^2）	34 113	364 772	92 329	96 384	587 618
所占比例（%）	5.8	62.1	15.7	16.4	100.0

7.2.1 砌体结构教室

我国村镇多数教室为砌体结构。

（1）特点

主体结构是砖或者石砌体，屋面为木屋架和瓦片组成，部分为预制楼板，室内二次装修简单，人员众多，且较多桌椅，抗震性能通常较差。以四川省某县为例，该县有公办学校 96 所，民办学校 37 所，村级教学点 434 个。在校学生约 14.7 万人，教职工 4 431 人；学校占地面积 3221.9 亩，学校建筑总面积约 58.76 万 m^2。建筑设计多数教室采用单面外走廊悬挑形式；小学教室的开间为 6 ~ 8m，横向开间梁间距 2 ~ 7m；中学教室的开间为 7 ~ 9m，开间梁间距 3 ~ 10m。已使用很长时间的土坯墙木楼盖、砌体墙木楼盖类校舍普遍存在于乡、村级学校里，并作为主要服役校舍使用。1992 年 6 月 30 日以前建设的校舍多为一、二层房屋，土坯墙木楼盖、砌体墙木楼盖类校舍较多，砌体材料包括手工制黏土砖、灰砂砖、条石、泥土，其中砖或砌块强度多在 MU5 以下，砌筑砂浆以石灰砂浆、泥土砂浆为主，砂浆强度较低，砌体墙内一般无构造柱、圈梁等抗震构造措施，开间梁下多以石柱、砖柱为主，与墙体间无拉结筋构造。门窗上部采用砖拱过梁或部分钢筋砖过梁。楼面板采用预制空心板、预制槽形板以及木板楼面，屋面为木屋架加瓦屋面或预制板上做防水层。这些校舍基本无勘察、设计、施工资料存档。由于使用时间较长及缺少维修，日常损坏和地震灾害严重。

(2) 原生灾害

当房屋遇到大震或者巨震时，房屋倒塌；房屋中的非结构物（吊顶等）倒塌，参见图 7-6 ~ 图 7-11。

图 7-6 砖木结构平房倒塌 1（通济学校）（摄影：徐友邻）[93]

图 7-7 砖木结构平房倒塌 2（通济学校）（摄影：徐友邻）

图 7-8　砖木结构平房倒塌 3（通济学校）（摄影：徐友邻）

图 7-9　砖木结构平房倒塌 4（通济学校）（摄影：徐友邻）

图 7-10　砖木结构平房倒塌 5（通济学校）（摄影：徐友邻）

图 7-11 绵竹某 3 层砌体教学楼楼梯倒塌 [88]

在地震后，依据四川省发布的《建筑地震破坏等级划分标准》进行应急鉴定工作，尽管该县不处于震中，但是严重破坏或者倒塌的达到 43.8%，基本完好或者轻微破坏的占据 45.8%。

应急鉴定结论 表7-2

鉴定结论	倒塌	严重破坏	中等破坏	轻微破坏	基本完好	合计
房间数量（栋）	46	5 983	1 571	4 412	—	—
面积（m^2）	1 685	255 786	60 645	193 456	76 046	587 618
所占比例（%）	0.3	43.5	10.3	32.9	12.9	100.0

(3) 次生灾害

火灾是危害比较大的次生灾害。

(4) 安全等级

安全等级通常可以为 III、IV 或者 V 级。

(5) 目标安全区

目标安全区是室外，安全等级可以划分为II、III级。

（6）逃生流程及逃生行为

优先推荐：室外安全岛逃生法

1）低重心速跑到室外；

2）积极参与互救组织参与营救。

村镇砌体教室通常没有经过抗震设计，该类房屋抗震性能很差，中震可倒、大震必倒，室内没有真正安全的区域，在室内的危险性极大。但是，农村房屋进深小，往往在10m之内，室外即较安全的空地，距离很短。普通人20秒之内完全可跑100m，考虑到起跑速度慢等不利因素，若地震纵波到来后立即行动，5～10秒钟完全可冲到室外。

（7）注意事项

应积极参与互救组织参与营救！

（8）逃生案例

“学校（映秀镇小学）教学楼一共四层。四年级二班在二楼靠近楼梯口的第一间教室。发生地震时，学生正在上科学课。老师发现教室在摇晃，大家都要往外跑，他就去把门顶起，不让学生出去。教室越摇越厉害，屋顶的顶棚一块一块往下掉，教室的黑板也掉了下来。这时候，腿脚残疾的董某喊了一句：“老师，你再不开门，我们班就没了。”老师听了后，这才连忙打开门，抱起董某把他从阳台扔下了操场，其他同学也纷纷夺门而出，向楼下跑去。腿残疾不能跑的董某，幸运地活下来了，那些能跑的同学，却没能逃生。他的44名同学，只跑出了7人。”[94]

从本逃生案例可知，对于抗震性能更差的砌体教室，迅速出逃是正确的选择。

7.2.2 框架结构

我国部分村镇教室是框架结构，通常为2～3层楼。

（1）特点

主体结构是框架结构，楼板是钢筋混凝土楼板，室内二次装修简单，人员较多，有较多桌椅，抗震性能通常较差。房屋内部往往无卫生间。

(2) 原生灾害

当房屋遇到大震或者巨震时，房屋倒塌；房屋中的非结构物（吊顶等）倒塌。参见图 7-12 ~ 图 7-14。

图 7-12　震前汶川中学教学楼（图片来自网络）

图 7-13　震后汶川中学教学楼（图片来自网络）

图 7-14 震后某教学楼（摄影：薛延涛）

（3）次生灾害

主要地震次生灾害逃生人员践踏，可能造成践踏伤害。可燃物较少，火灾的概率较低。

通常不会有其他次生灾害，如洪灾、污染等。

（4）安全等级

安全等级通常可以为 III、IV 或者 V 级。

（5）目标安全区

目标安全区是室外，安全等级可以划分为 II、III 级。

（6）逃生流程及逃生行为

低重心速跑到室外。这种房屋在地震中倒塌概率较高，但是往往只有 2 层或者 3 层，有可能快速撤离出来，所以应该立即撤离。

（7）注意事项

不要到楼梯间避难！

不要蹲到地上，以防止被践踏。

（8）逃生案例

参照 5.2 节逃生案例。

7.3 村镇室外

平原农村有大片的天然室外开阔平地，灾害较少，安全等级通常可以为 I 或者 II 级，是比较安全的室外避难场地，参见图 7-15。

图 7-15　北京某农村室外（摄影：姚攀峰）

地震逃生参见 6.3 节城市公园地震逃生。

都江堰能够抗震的原因是多方面的，主要有以下几方面：

(1) 都江堰水利工程场地条件好，有效地降低地震影响。

宝瓶口是凿穿玉垒山形成的，以火烧石，使岩石爆裂，终于在玉垒山凿出了一个宽20公尺，高40公尺，长80公尺的山口，该部分工程建在坚实的岩石基础上，对工程抗震非常有利。

（2）鱼嘴和飞沙堰高度较低，坡度较缓，安全度较大。

（3）飞沙堰已改用混凝土，较原竹笼卵石材料的安全度大大提高。

鱼嘴部分出现了裂缝，说明地震对都江堰还是有一定的破坏作用。

（4）持久的维修和保护

在长期的实践中，人们定期对都江堰进行维修，并总结出了“深淘滩、低作堰”，“乘势利导、因时制宜”，“遇湾截角、逢正抽心”等方针，保证了都江堰工程的使用寿命。在历史上，都江堰也曾经被地震破坏过。1933年8月25日，岷江上游茂县境叠溪发生7.5级地震，山岩崩塌，横断岷江及其支流。10月9日，岷江被堵塞断流45天后，干流小海子溃决，积水一涌而下。10月10日1时许，洪水进入都江堰市境，洪峰流量约每秒1.02万立方米，冲毁都江堰金刚堤、平水槽、飞沙堰、人字堤等水利工程及安澜索桥。

地震特殊逃生

本章的地震逃生方法主要适用以下范围：

1. 环境：本章适用的环境是特殊环境；

2. 地震：本章适用的地震是该城市的设防大震及比设防大震还要大的巨震；

3. 人员：本章适用的人员处于特殊状态。

◇ 日本"3·11"地震中如何躲避海啸？

图 8-1　日本"3·11"地震海啸（图片来自网络）

日本于 2011 年 3 月 11 日发生了大地震，震级为 9.0 级，地震及其引发的海啸已确认造成 15843 人死亡、3469 人失踪。此次地震导致地面下沉，致日本岛地震震区沿海部分地区沉到海平面以下，沉没部分面积相当大半个东京，(参见图 8-1)。

如何有效躲避海啸?

8.1 山区室外逃生

1. 特点

山区地貌复杂，灾害类型多样，除其他章节所述的工程破坏之外，常遇到的地震灾害为滚石、滑坡、泥石流等原生和次生灾害。

2. 原生灾害

主要原生地震灾害是工程破坏、滚石、滑坡等。

(1) 滚石

山体未发生滑坡，石块下滑引起地质灾害，成为滚石。地震能够造成滚石，参见图 8-2。

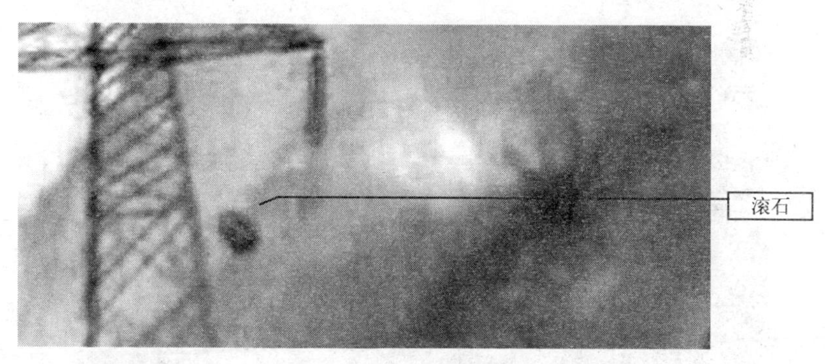

图 8-2 某山体滑坡时的滚石[95]（视频截图，姚攀峰）

地震引起的滚石可能砸伤人员或者工程及其设备，通常范围较小，总体来看造成的灾害是有限的。

(2) 滑坡

参见 2.6.3 节中关于滑坡的介绍

图 8-3、图 8-4 为汶川地震某处山体塌方情况。

图 8-3　汶川地震某处山体滑坡 1（图片来自网络）

图 8-4　汶川地震某处山体滑坡 2（摄影：祁生文）

3. 次生灾害

主要地震次生灾害有火灾、泥石流、洪灾、堰塞湖等。

泥石流危害表现在如下 4 个方面：

（1）对居民点的危害。泥石流最常见的危害之一是冲进乡村、城镇，摧毁房屋、工厂、企事业单位及其他场所、设施，淹没人畜，毁坏土地，甚至造成村毁人亡的灾难。例如，1969 年 8 月，云南大盈江流域弄璋区南拱泥石流使新章金、老章金两村被毁，97 人丧生，经济损失近百万元。

（2）对公路、铁路的危害。泥石流可直接埋没车站、铁路、公路、摧毁路基、桥涵等设施，致使交通中断。有时泥石流汇入河流，引起河道大幅度变迁，间接毁坏公路、铁路及其他构筑物，甚至迫使道路改线，造成巨大经济损失。例如，甘川公路 394km 处对岸的石门沟，1978 年 7 月暴发泥石流，堵塞白龙江，公路因此被淹 1km，白龙江改道使长约两公里的路基变成了主流线，公路、护岸及渡槽全部被毁，该段线路自 1962 年以来，由于受对岸泥石流的影响已三次被迫改线，新中国成立以来，泥石流给我国铁路和公路造成了巨大损失。

（3）对水利、水电工程的危害。主要是冲毁水电站、引水渠道及过沟建筑物，淤埋水电站尾水渠，并淤积水库、磨蚀坝面等。

（4）对矿山的危害。主要是摧毁矿山及其设施，淤埋矿山坑道，伤害矿山人员，造成停工停产，甚至使矿山报废。

汶川地震中，同时多处灾区有雨水，造成泥石流，参见图 2-25、图 2-26、图 8-5。

其余三种次生灾害的介绍可参见本书 2.6.3 节中的相关内容。

4. 安全等级

上述由于地震引起的地质灾害，其安全等级通常为 IV 或者 V 级。

5. 目标安全区

第一目标安全区，从建筑物中逃生，可参见第 5、6、7 章相关

图 8-5　汶川地震 甘肃文县泥石流 2（摄影：田蹊）[99]

内容，最终目标安全区是室外安全带、坡度较缓的山坡顶部或者有较多树木的坡度较缓的山坡中部，安全等级可以划分为 I 或者 II 级。

山区次生灾害比较严重，有大量的地质灾害，如：滑坡、泥石流、水灾等，应该转移到较安全的地方。滚石、滑坡是地震在山区经常诱发的次生灾害，到坡度较缓的山坡的顶部，或者有较多树木的缓坡山坡中部，可以防止滚石、滑坡、泥石流，遇到山崩、滑坡，要向垂直与滚石前进方向跑，不可顺着滚石方向往山下跑；由于可能有水灾，所以平坦的河滩地通常可用于临时集结，但要尽快撤离该区域。地裂、地陷、液化地震灾害对人员伤害较小。

6. 逃生流程及逃生流程

（1）参见第 5、6、7 章相关内容完成第一阶段逃生；

（2）了解确切的地震信息；

（3）积极参与互救组织参与营救；

（4）转移到室外安全带。

7. 注意事项

“震前选择好室外安全带”，地震滑坡等灾害是难以准确判断的，尤其是对普通民众，应该在地震发生前，事先选择好预定的室外安全带作为避难场所，这样在地震来临时才能够有序撤离，减少地震的破坏。

8. 逃生案例

[逃生案例 1][103]

上午 7 时 30 分开始乘坐天下行旅行社 41281 号大巴车往九寨沟方向出发，我坐在最后一排，路上导游滔滔不绝地给我们讲解当地的风土人情。中午 12 时 30 分左右在茂县县城就餐，半小时吃完饭继续向九寨沟方向行驶，一路上大家都比较兴奋，观看着盘山公路两边的崇山峻岭，由于道路颠簸，地震之初我们没有感觉出来。突然前面的汽车停下来了，我们都还没有缓过神来，只看到前面山坡上有飞石不断地往下滚落，砸在前面距我们 10 米左右的大巴车上，那车一下子就被掩埋了，当时我们还以为是山体滑坡，当车停下来我们看见前边的车子在晃动，也感觉到我们的车子在强烈的震荡。司机说："地震了，大家赶快下车往路边的菜地里跑，那里相对安全。"大家一下子都慌了，也顾不得拿行礼拔腿就往车外跑，然后向菜地靠近。有的同志腿上、胳膊上都划了几条口子，也没有感觉到疼痛。大家都聚到那一小片菜地上，紧接着又一次较强的余震，大家都惊叫起来，只看到后面的山坡上半个山都滑了下来，飞起来的黄土把天地都弄昏暗了，什么都看不见，大家都在大叫，又无可奈何。因为恐惧，我们只好蹲在地上等待地震的停止，大概过了十几分钟，慢慢的，尘土落下，我们才看清楚前面那辆大巴车已经被彻底掩埋了，人都没能出来，后边一辆面包车前半部分也被砸扁，车前排的两位年轻人当场死亡，后排的两位老年人幸免于难，我们算是幸运者。我们就在原地等着地震过去，但令人不安的是余震每隔一段时间就会来一次，一次、二次、三次、四次……直到数都数不过来。我们有好多人都绝望了，快崩溃了，吓傻了，不知道自己还能不能活着逃出来。

[逃生案例 2][104]

突然地动山摇，脚下剧烈摇晃，头顶上的石头瞬间砸向栈道，树木折断，泥土飞扬，"轰轰"的塌方声音从远处传来。大地震突然来临，之前没有任何预感、征兆，我们也从来没有想过这地方会发生地震，且强度如此巨大。就在大地震来临的2秒钟之内，李老师迅速作出反应："地震，快跑！"我和李老师一前一后，火速带学生跑到栈道下方的一个石穴下面，大家身体紧紧贴着石壁，我用身体紧紧护着李青颖。大地仍在晃动不止，石头纷纷从眼前落下，大家都很恐惧，而让我们极度不安的是上方还有6位女同学，情况未明，她们情况到底怎样？当时我都要绝望了，均均也在上方啊！主震稍微平息，我已顾不上余震频繁的情况，也没来得及向李老师说一声，便向上方狂奔，一路上大喊"均均、均均，彭章均……"听到的回音却是："有人流血啦，有人流血啦，快来人啊！"我一听到这声音，都快要崩溃了，心想："完了，肯定是她们出事了！"跑得气喘吁吁，脚不能停下，使劲向前奔，我终于看到她们，看到了均均，原来，她们并没有出事，我的心终于平缓了些，均均跑来对我说，上面有人受伤了，我说："快，上去！"等我们赶到，是一男一女（事后他们说是成都的一所大学的学生），男的头部受重伤，血流满身，抱着头，跌坐在地上；女的不知所措，极度惊慌，腿部被砸伤，肿了起来。我对男的说："兄弟！挺住！没事的！"此处不可久留，赶快走，我背起那个女生，男生由女同学搀扶，快速下山。一路上我们不停地鼓励那位受伤的男子，由于余震不断，我带领学生和两位受伤人员在就近的石穴里躲避。

[逃生案例3][105]

黄××等驱车半个小时后到达青城山脚，再步行3个半小时到达青城山前山著名景点上清宫，并在那里吃午饭。午饭后，黄××下意识地看了看手表，刚好是下午14时25分，于是准备坐缆车下山。过了几分钟，他突然感觉脚下有些晃动，接着就风声大作，持续了10多秒钟后，道观上的瓦砾排山倒海般落下。当时在上清宫的游人、道士和工作人员约有近百人，其中还有几名外国游客。大家被突如其来的状况吓得不知所措，顿时乱成一团。

黄 ×× 此时意识到这是地震来临，而且是大地震。他立刻大声呼喊“地震来了，大家快到空旷的地方躲避！”由于山顶上的空地较小，他们5人只好退到石阶上跪着，并抱在一团。地震持续大约1分多钟才停下来，惊慌过后，黄炳耀发现，他们5人并无大碍，但一位外国女游客被瓦砾砸伤了头部。黄 ×× 和几个游客一边赶紧为受伤的人包扎伤口，一边动员那些没有受伤、体力尚好的人下山寻求救援。

“2点10分，我们到达了海拔3500米高度。我当时坐在车里感觉有点不对劲，就问司机为什么车总是在晃，司机说没有甩方向盘，轮胎也没问题，我还是没有太在意，以为是山路不稳引起的。”外联制片肖小姐回忆道：“我们共5辆车，我坐的车也是不停晃，我还问司机说你的轮胎是不是爆了呢？他下车查看后说：‘四个轱辘还在呀。’车停下来后，还在摇晃得很厉害，我们才知道是发生地震了。”

“再过了一会，我们就感觉到整个车和人都在晃。我抬头一看，只见1公里远处有座山从正中裂开，突然在我们面前轰然倒下，砸在我们刚才拍摄的地方，两座山之间的路也被堵得死死的。”俞 × 说道，这时候全组人员和外界彻底失去了联系，“手机都打不通了，和外界根本无法取得联系。”

从这上述案例可以看出，滑坡等地质灾害是地震中很大的威胁，要有效地避免地质灾害带来的伤害。

8.2 海滨室外逃生

中国大陆架比较长，滨海区域范围大，室外地震逃生有其特殊性。

1. 特点

我国台湾地区曾经发生过较大的海啸灾害，大陆部分近海的大陆架较长，很少有大的海啸灾害。

2. 原生灾害

主要原生灾害有空中坠物等，但是空中坠物造成人员伤亡的概率较低。

3. 次生灾害

主要次生灾害是火灾、海啸等。

关于海啸的介绍参见本书 2.6.3 节相关内容。

2011 年 3 月 11 日，日本福岛附近海域发生 9.0 级地震引发海啸，造成 15843 人死亡、3469 人失踪（图 8-6）。

图 8-6 日本“3·11”地震海啸（图片来自网络）

4. 安全等级

II 级 III 级 IV 级 V 级。

5. 逃生路径

目标安全区是室外安全带，如坡度较缓的山坡顶部，抗震性能好的高层建筑物屋顶，安全等级可以划分为 II 或者 III 级。

6. 逃生流程及逃生行为

1）原地低蹲护头法逃生；

2）地震过去之后（约 3 分钟）；

3）了解确切的地震信息；

4）积极参与互救组织参与营救，组织灭火；

5）转移到目标安全区，如坡度较缓山坡等。

海滨室外较安全，但是地震引起的海啸危险性较大，灾区民众要远离海边，注意防止房屋、树木、杂物倒塌可能砸伤相关人员，在地震停止后，及时参与互救组织抢救受害人员。

7. 注意事项

“我国的海啸灾害是较少见的”！我国沿海的大陆架比较长，所以海啸很少发生，海啸主要发生在台湾等极少数地区。除台湾、海南少数地区，我国极少发生海啸灾害。

8. 逃生案例

[逃生案例 1]

当 9 级地震来袭时，富悭正在名取市閖上町一处加工工厂上班，“厂房突然剧烈地晃动，我从没经历过这么强烈的地震。还好厂房没事。”富悭感概着，“我穿着一身工作服就跑了出来，开车往家跑。”

富悭家离工厂不远，在看到家里没事后，他又回到工厂继续上班。“但后来还是有些担心，我就又开车回家。”走到半路，他看到很多人都在朝大海的相反方向跑，“‘海啸来了，快逃’，我听到很多人都在喊。”富悭说，他当时还想先回家，但人群已经堵住了去路。

犹豫了一会，富悭还是掉转车头，准备跟随人群。“突然我觉得车有些飘，回头看时，我发现海浪已经到了后面，并把我的车抬了起来。我顿时吓坏了，立即猛踩油门，才捡回了一条命。”

向记者回忆这一惊魂时刻时，富悭的声音都有些颤抖。他说，他看到媒体报道，说当时袭击宫城的海啸最高达 10 米，但自己根本没敢回头细看，只是拼命地踩油门。“我感觉，海浪不是一下子就变高的，而是先漫进来，后来越来越高。”[106]

[逃生案例 2]

搞笑组合“三明治男人”11 日正好在此次地震受灾最严重的

宫城县的气仙沼拍摄外景。当天下午 1 点左右伊达还在博客更新了当地美景的照片，没想到在两个多小时即遭遇恐怖的 9 级地震。地震后有引发海啸的危险，幸好伊达及时地在 5 点左右更新博客，向众人报平安“我们正在避难中”。伙伴富泽也在博客上曝光遇强烈地震袭击的心情“当时我们在宫城县气仙沼外拍，往山里逃生了。因为山下有海啸浸水的可能性，我们只好暂时保持不移动的状态。摄影组全员都平安无事”。两人亲眼目击了当地受灾的惨况：地震海啸房屋倒塌，不少民众被直升机救出……至今两人还在持续更新着关于地震的见闻的博客。[79]

从上述案例可知，对于海滨发生海啸，迅速向高处地区逃生是比较合适的选择。

8.3 特殊状态逃生

人员处于睡眠等特殊状态。

1. 特点

人员在地震难以快速移动。

2. 原生灾害

同所处环境的原生灾害。

3. 次生灾害

同所处环境的次生灾害。

4. 目标安全区

目标安全区为室内避难间或者室外安全岛。

5. 逃生流程及逃生行为

转移到最近的室内避难间逃生或者室外安全岛逃生，也可选用室外或者室内原地逃生。

6. 注意事项

“震前准备”！是有效的措施之一。

7. 逃生案例

[逃生案例1]

“随着×××的一声大叫，我才如梦方醒，猛地在铺板上来了一个右滚似翻身，一下子趴在了水泥地上。这时整个楼都在剧烈地上下抖动，室内的大乱声已经听不清了，但是绝对很乱。关键时刻，我脑子还算清醒，想跳窗户？不行，纱窗是从里向外关着的，如果一脚踹不开就坏了；钻铺板下面去？也不行，床板太薄吃不上劲，不是死就是伤。这时的楼房左右摇晃的很厉害，还好像正在坍塌，猛然间我想起了头顶的旧桌子，说时迟，那时快，趁楼还未完全倒塌之前，我以右手掌为轴，全身迅速划了个180度的半径，趴在桌子的前沿处，还没往里钻，就觉得整个东墙正以排山倒海之势向我头顶压下来，同时整个二楼也在下塌（在我的感觉中，地震的前几秒钟是上下颠簸，马上又是左右摇晃，这样在结实的建筑也难逃被震倒的可能）。此时其他的动作都无能为力了，我干脆一下子将头使劲缩进去，用双手紧紧地抱住，双腿使劲往里收，整个身体形成了一个团，以尽量减少身体的受力面积，接着用力咬紧牙关，就这样等待着大自然将要给予我重重的一‘击’。

只听得‘轰隆’一声闷响，整个楼房完全坍塌下来了，我只觉得脚底、后背和头发稍三个部位同时被轻轻地擦了一下，但我身上其他部位并未被压着，我逃过了这一劫。原来是东山墙倒下来，推倒了我头顶的桌子，形成了以桌面为支撑点，两条腿在下面，两条腿在上面的翻倒状态，恰好我就被扣在了桌子里面，真幸运，我连一块皮都没碰着。倒塌的房里尘土飞扬，顷刻间向我们的七窍冲来，我紧紧闭着眼睛和嘴，用双手四处摸索着，说也奇怪，在楼房坍塌后的一瞬间，大地又一片寂静，只听到远处有火车拉着长笛声。

大约过了五六秒钟的时间，不知是谁，我肯定是一个被砸着的战友大喊一声‘救命啊！’紧接着，又听到大地从下面发出吓人的震动声，倒塌的楼房内马上传来一阵哭喊嚎叫声，一片大乱。此时，我只觉得耳朵里、鼻子里、嘴里全灌满了尘土，为了不让尘土再往里灌，我伸出手摸到我的床下，从脸盆上抓住毛巾，把它蒙在嘴和鼻子上（这个环节后来想起来是很重要的，因为很多人当时没有死，而是被废墟内的尘土呛死的），此时头昏昏沉沉的，什么也听不清楚了。

与我隔桌的天津战友 ××× 地震时本来还没睡着，地震时他还在吸烟，但他动作慢了一些，那时候还掀蚊帐用脚找鞋呢，你说气人不气人？这时候还要什么鞋呀（也可能他没反映出来是地震了）！结果倒塌的房屋将他压在了自己的床上，他自己坐在床板上正好压在他找鞋的那只脚上，怎么使劲也拔不出腿来，多亏头顶的旧桌子，要不然他就会被活活地压死。

在我右侧相隔半米远的 ××× 更惨了，在他还不知道发生地震的时候，惯性就一下子把他从床上甩下来抛进我的床底下去了，他的头正好枕在我的脸盆上，我的床板塌下来正压在他的脸上，床板与地面形成了一个斜角，只有身子能在外面挣扎着，自己怎么也不能把头拽出来，直痛的他双腿乱蹬乱踹，嗷嗷地直叫。

湖南战友 ××× 就更怪了，明明是头朝里躺着的，不知怎么搞的人被转了 180 度，整个身子从原来脚下的窗口抛出去，身子跑到窗外去了，可双脚却压在里面，怎么也拉不出来了，里面的人能听到他喊人，却不知他在什么地方，好像离我们挺远似的。”[107]

从这个逃生案例可以看到，逃生者的状态对逃生者的行为是有较大影响的，逃生者处于睡眠状态，通常无法充分利用黄金 10s 的预警时间，难以转移到安全性等级更高的地方，只好采用原地逃生法，这位逃生者的逃生方法是比较科学的，较好地保护头部，并利用室内桌子来避难。

[逃生案例 2][108]

那个冬天缺雨少雪，感觉很冷。寝室里没有暖气，只能依靠暖桌取暖。因每天看书看到很晚，凌晨时分正是睡得最死的时刻。记得，那是一个寒冷的早晨，（当我趁着地震稍微停止的那一刻跑出来的时候，身上单薄的衣装已抵挡不了寒风的侵袭）。突然间，我被一阵阵大的轰隆声惊醒。那声音有点像山崩地裂，有点像屋梁坍塌，又有点像人们逃生时刻恐惧地呼喊。朦胧中的我突然想起了地震，就是地震。求生的念头促使我迅速从榻榻米上跳起来，想拉开门往外冲。不料，还没等我站立好，一个巨大的惯性把我重重的摔在地板上。我连续尝试了两次，都没有成功。紧接着，电冰箱倒在地上发出了一声巨响；电视机在地上滚来滚去，两次狠狠地撞击我的头部。屋子里所有能摔的物品都摔在地板上。黑暗中窗外不停的闪着蓝光，如鬼火一般。在几次逃生的努力都失败以后，我最后选择了沉默（确切说是听天由命）。

我用被子蒙着头，我不愿看到天花板是怎样掉下来砸我的。不知为什么，这个时候，我的心情已经平静了下来，在将要告别世界的时刻，想不起什么豪言壮语，心理唯一叨念的就是：活着多好……也许有了这样的经历，从这以后，我对一切名利都看得很淡。激烈的地震持续了半分多钟，在我看来，犹如半个多小时。我感到地震减轻了，我把头从被子里伸出来，确实证实自己还活着，迅速爬起来，抓起两件衣服（出来才知道是两件衬衣），奋力撞开变形的门……

应对海啸的正确做法是通过开车等方式尽快转移到高处，通常 30m 以上即可应对海啸。

9 地震火灾逃生

地震火灾是地震灾害主要的次生灾害之一，地震造成了交通、建筑、生产和生活设施、消防设备的损坏，特别是输电线路和油、汽、水等管道的破坏，为各类火灾的发生创造了条件，同时，对扑救此类火灾增加了难度。1906 年美国旧金山地震，全市 50 多处同时起火，消防站多数被毁，警报通信系统失灵，房屋倒塌，交通堵塞，水源中断，大火烧了 3 天 3 夜。1923 年日本关东大地震死亡人员中，约有一半死于地震引发的火灾，烧毁房屋 20 多万间 [109]。地震引发火灾既有普通火灾的性质，又有地震灾害的特有性质。

本章的地震逃生方法主要适用以下范围：

1. 环境：本章适用的环境是建筑物发生火灾。

2. 地震：本章适用的地震是该城市的设防大震及比设防大震还要大的巨震。

3. 人员：本章适用的人员处于可迅速移动状态。

◇ 东京帝国饭店为什么在地震火灾中无恙？

图 9-1　东京帝国饭店(1967 年拆除，图片来自网络)

1923 年，关东地震发生，8.3 级，东京成为一片废墟，并发生了可怕的火灾，是世界上死于火灾人数最多的一次地震。东京帝国饭店尽管遭到了破坏和断裂，没有倒塌，成为为数不多地屹立在震后东京的房屋，(参见图 9-1)。

日本东京帝国饭店预防地震火灾的方法正确吗？如果正确，遵循了哪些主要原则？如果错误，犯了哪些主要错误？如果是你，应该如何进行地震逃生？

9.1 火灾基本知识[110]

9.1.1 燃烧

燃烧就是指可燃物和氧化剂作用发生的放热反应，通常伴随有火焰、发光、发烟现象，俗称着火。燃烧的 3 个必要条件是可燃物、氧化剂、温度，在一般的火灾中，木材、煤气等是可燃物，空气中的氧气就是氧化剂，对于其他化工原料等的燃烧则比较复杂。

火灾就是在时间和空间上失去控制的燃烧所造成的灾害。火灾分为 A、B、C、D 四类（GB4968-1985）：

(1)A 类火灾：指固体物质火灾。这种物质往往具有有机物性质，一般在燃烧时能产生灼热的余烬。如木材、棉、毛、麻、纸张火灾等。

(2)B 类火灾：指液体火灾和可熔化的固体火灾。如汽油、煤油、原油、甲醇、乙醇、沥青、石蜡火灾等。

(3) C 类火灾：指气体火灾。如煤气、天然气、甲烷、乙烷、丙烷、氢气火灾等。

(4) D 类火灾：指金属火灾。指钾、钠、镁、钛、锆、锂、铝镁合金火灾等。

具备一定数量的可燃物、含氧量、点火能量、未能控制链式反应才会从燃烧变成火灾。地震中往往无法控制燃烧，易发展为火灾。

对于广大居民，主要遇到的是 A 类火灾中的木材、棉、纸张等着火、B类中的食用油着火、C类火灾中的煤气、天然气着火。本文重点讲述这几种火灾的应对。

燃烧有四种类型：闪燃、着火、自燃、爆炸。

（1）闪燃是指在液体或固体表面产生的可燃气体，遇火能产生一闪即灭火焰的燃烧现象。

闪燃的最低温度点成为闪点，木材的闪点是260℃左右。在闪点温度上，只会闪燃，不会持续燃烧。

（2）着火是指燃烧物持续燃烧，出现火焰的过程。

燃点是物体持续燃烧的最低温度，燃点温度高于闪点温度。控制燃烧，需要将温度降到燃点之下，“用水灭火”就是利用这个原理。纸张130℃；棉花210℃；赛璐珞100℃；松节油53℃；煤油86℃；布匹200℃；麦草200℃；橡胶120℃，木材295℃。

引燃是指可燃物局部燃烧后，然后传播到整个可燃物，大部分火灾是引燃产生的。

9.1.2 灭火的基本原理

物质燃烧必须同时具备三个必要条件，即可燃物、助燃物和着火源。根据这些基本条件，一切灭火措施，都是为了破坏已经形成的燃烧条件，或终止燃烧的连锁反应而使火熄灭以及把火势控制在一定范围内，最大限度地减少火灾损失。这就是灭火的基本原理。

9.1.3 灭火的基本方法

1. 冷却法

如用水扑灭一般固体物质的火灾，通过水来大量吸收热量，使燃烧物的温度迅速降低．最后使燃烧终止。

2. 窒息法

如用二氧化碳、氮气、水蒸气等来降低氧浓度，使燃烧不能持续。

3. 隔离法

如用泡沫灭火剂灭火，通过产生的泡沫覆盖于燃烧体表面，在冷却作用的同时，把可燃物同火焰和空气隔离开来，达到灭火的目的。

4. 化学抑制法

如用干粉灭火剂通过化学作用，破坏燃烧的链式反应，使燃烧终止。

9.1.4 灭火的基本措施

1. 扑救 a 类火灾

一般可采用水冷却法，但对于忌水的物质，如布、纸等应尽量减少水渍所造成的损失。对珍贵图书、档案应使用二氧化碳、卤代烷、干粉灭火剂灭火。

2. 扑救 b 类火灾

首先应切断可燃液体的来源，同时将燃烧区容器内可燃液体排至安全地区，并用水冷却燃烧区可燃液体的容器壁，减慢蒸发速度；及时使用大剂量泡沫灭火剂、干粉灭火剂将液体火灾扑灭。

3. 扑救 c 类火灾

首先应关闭可燃气阀门，防止可燃气发生爆炸，然后选用干粉、卤代烷、二氧化碳灭火器灭火。

4. 扑救 d 类火灾

如镁、铝燃烧时温度非常高，水及其他普通灭火剂无效。钠和钾的火灾切忌用水扑救，水与钠、钾起反应放出大量热和氢，会促进火灾猛烈发展。应用特殊的灭火剂，如干砂等。

5. 扑救带电火灾

用干粉灭火器、二氧化碳灭火器效果好，因为这几种灭火器的灭火药剂绝缘性能好，不会发生触电伤人的事故。一般先断电，后灭火。

9.2 地震火灾产生的原因 [111]

地震具有突发性和破坏性，地震容易产生一系列不可控制的因素，所以易导致火灾。与日本木结构房屋较多不同，我国城镇和农村房屋以砌体和钢筋混凝土为主，是不可燃物质，对避免火灾是有利的，火灾产生的原因主要有以下因素：

（1）厨房用火引起火灾

由于地震震动，炉具倾倒、损坏，引起火灾。目前，该类火灾在我国占主要比例。例如，唐山地震时，宁河县芦台镇一居民户，由于房屋倒塌，打翻炉火引起火灾，三间房屋全部烧光，全家三口人无一幸免；天津北郊区某饭店，唐山地震时，饭店正炸果子，高温油晃动溢出，遇到炉火引起燃烧，将油、面及天窗全部烧毁，由于扑救及时，未造成重大损失。

（2）电气设施损坏引起火灾

强震时，电气线路和设备都有可能损失或产生故障，有时还会发生电弧，引起易燃物质的燃烧，产生火灾。例如，唐山地震时，宝坻县某大队副业厂，厂房倒塌，电线被砸断，火线落在易燃物质上引起火灾，将两间厂房及部分机器烧毁；唐山地震时，距震中四十余公里的某变电所，一台重达六十吨的主变压器从台上滑下，外引线将套管拉裂，变压器油当即喷出；由于蓄电池全部倾倒，继电保护失去作用，引线受震强烈摆动，造成短路，打出弧光，引燃喷出的变压器油，将变压器烧毁。

（3）化学制剂的化学反应引起火灾

化验室、实验室、化学仓库里的化学品剂，品种多、性质复杂。强震时，各种品剂产生碰撞或掉在地上，容器或包装破坏，化学品剂脱出或流出。有的在空气中可自燃，有些性质不同的品、剂混融，产生化学反应，引起燃烧或爆炸。唐山地震时，天津该类火灾约占全部火灾的24%。例如，唐山地震时，天津市某研究所实验室，金属钠瓶被砸坏，钠自燃引起火灾，将办公楼和部分仪器设备烧毁。又如，汉沽某化工厂，唐山地震时，房屋倒塌造成设备管道损坏，二氯化硅跑出，遇空气自燃引起火灾。再如，汉沽某厂药品库，唐山地震时，由于药品库里的甘油在剧烈震动时掉进强氧化剂高锰酸钾内，发生化学反应引起火灾。

（4）高温高压生产工序的爆炸和燃烧

有些生产工序，特别是化工生产中的聚合、合成、磷化、氧化，还原等工序，一般都具有放热反应和高温高压特点，极易产生爆炸和燃烧。由地震时往往停电，停水，正在进行生产的工序，由于停电造成停止搅拌和失去冷却水的控制，温度和压力骤然上升，当超过反应容器耐温耐压极限时，就可产生爆炸和燃烧。例如，唐山地震时，天津某合成脂肪截厂，因车间框架倒塌造成停电，合成塔突然升温升压，爆炸起火，车间设备全毁。又如，天津市某厂镀锌车间，唐山地震时，因电源中断，循环水停止运行，锌锅温度骤增而着火，因扑救及时，未造成灾害 。

（5）易燃、易爆物质的爆炸和燃烧

易燃易爆物质主要有天然气、煤制气、沼气、乙炔气、石油类产品、酒类产品、火柴、弹药等。地震时，盛装上列品的容器可能损坏，物品脱出或泄出：如遇火源，即可起火。有些物质，例如火柴、弹药，怕碰倾。地震时，由撞击和摩擦，这些物品可产生爆炸和燃烧。有些液体，如石油，地震油管或容器的损坏，液体的高速流动，产生很高静电，在喷入空间时，与某种接地体之间，成很高的电位差，引起集中放电，引燃液体形成爆炸。

该类火灾往往规模大，损失严重。如美国洛杉矶地震，由于煤气管道变形，450 处漏气，引起 28 处火灾，发生 35 次爆炸事。1964 年日本新泻地震时，由于油库设备部件间的摩擦引起油库起火，导致了整个城市的大火灾；唐山某酒厂，地震时酒库倒塌，由于摩擦产生热量，使燃烧产生火灾。

（6）烟囱损坏

强震对烟囱的破坏是很大的，由于烟囱破坏，烟火很容易飘出炉外，起火灾。例如，著名的美国旧金山地震，主要是因烟囱倒塌，烟火溢出引起的火灾。烟囱火灾也可能发生在恢复生产时期。明显的烟囱破坏易于发觉，震后人们采取了措施，但对不明显的破坏，如有的出现裂缝，外表看起来完整，实际内部已损坏，当继续使用时，烟火穿出引起火灾。唐山地震后，据天津市统计，发生这样的火灾就有31起。

(7) 防震棚着火

防震棚火灾也是震区中的普遍的火灾,其产生原因有两个方面。

1）其一防震棚多是简易临时建筑，搭建很快，很少考虑安全防火措施。

建筑材料一般为笆、苇笆、油毡及塑料布等易燃材料。防震棚内空间小，各种物品靠得很紧，火种易于传。防震棚密度很大；消防通道狭窄，又没有必要的消防器材和设备，一旦着火，不易灭火，造成重大损失。例如，天津大学校园内，唐山地震后搭建大量防震棚，后就发生两次大型火灾。一次烧毁防震棚164间，另一次烧毁防震棚116间。

2）另一方面，主要是人们缺乏防火知识，思想麻痹，用火不慎造成的。

海城地震统计，防震棚火灾的原因多以取暖、做饭，蜡烛、煤油灯引起，约占总数的80%；其次是吸烟，小孩玩火及电线短路等原因引起，约占总数的20%。唐山地震后的防震棚火灾，据统计，在1976～1979年的452起防震棚火灾中，因炉火安装、使用，管理不当引起的火灾159起，占35%，由于使用蜡烛、煤油灯照明，点蚊香不慎引起的74起，占16.4%，小孩玩火的44起，占9.7%；因乱扔未熄灭的火柴棒、烟头以及打火机灌汽油等引起的42起，占9.2%；烟道着火引起的31起，占6.8%；天然气、液化气使用管理不当造成的28起，占6.1%；电器设备安装使用不当的29起，占6.4%，生产设备砸坏未经检查再次使用引起的25起，占5.5%。

9.3 应对原则

地震火灾以预防为主，发生地震火灾时，应该科学处理火灾，以自己的力量在第一时间扑灭初起的火灾，一旦火灾无法控制，不要贪婪财产，立即撤离。

9.4 预防地震火灾[112]

预防地震火灾可采取以下措施：

(1) 从城市规划角度综合协调，对9.2节中第3、4、5类的易燃易爆等特殊物品放在相对独立的地方。

要从城市规划层面进行防火设计，进行合理的功能分区，9.2节中3、4、5类的火灾，在地震中很难避免火灾，尽可能地把它放在影响小的地方。

(2) 结合公园、交通等功能设立避难场所和避难道路。

(3) 工程中多采用难燃材料：如钢筋混凝土等，少采用木结构等。

少用化纤、木材等易燃物品进行室内装修，如隔墙可采用轻钢龙骨石膏板墙等。厨房是重要火源，要重点防范，尽可能地少采用木材等易燃材料，可采用不锈钢橱柜等难燃材料的设施。

(4) 加强危险物品管制，安装消防设备，充实消防能力。

(5) 建立分散式的防火备用系统，如水井、水池等。

现在北京等城市主要是管网供水系统，已经很少见到水井等设施，一旦地震，将无水、无电可用，通常条件下的消防设施难以使用，即使消防队员赶到也无能为力。可以建设一些水井，作为防灾备用，一旦地震火灾来临，可用于提供水源。水池等可兼具消防水池功能，平时保持一定的蓄水量，用于应急，1923年关东地震中，东京帝国饭店的水池就有效地用于灭火，成为少数几个幸免于难的房屋。

(6) 对电力设备等特殊设施采用隔震技术。

变压器等特殊设施，可以提高抗震要求，采用隔震技术，以减少地震对它的影响。

（7）煤气、天然气自动切断装置。

煤气和天然气是生命线工程，完全可以投入一定资金，在煤气和天然气主要设备装上自动切断装置，发生大地震时可以马上切断供应。

（8）采用集中供暖和电器取暖。

这样减少煤炉取暖，可以大大减少火灾隐患和提高环境质量。

（9）有条件的家庭和单位可加一套自动喷淋系统。

对于有条件的可加一套自动喷淋系统用于灭火，美国许多家庭这样做，尽管地震中此套系统可能失效，但是对避免日常火灾还是很有作用的。

（10）发现燃气泄漏时，要关紧阀门，打开门窗，不可触动电器开关和使用明火。

地震中，煤气泄漏是难以避免的，这条措施很重要。

（11）准备一瓶干粉灭火器。

配备一瓶灭火器是有必要的，尤其是地震中无水，更是可用于紧急灭火。

（12）准备斧子和绳子。

危急时可以破门而出或者通过绳子滑落到安全区域。

9.5 扑灭初起火灾

火灾需要一定时间才发展起来，常见的食用油着火，通常6分钟左右时间才过热起火，而且周边通常是不可燃材料，一般说来是可以灭火的。

火灾初起时，往往较小，并不可怕，只要采取正确的措施就能够扑灭它。地震中灭火有三个较佳的时机：

（1）刚振动时立即灭火。

刚开始振动时，往往是纵波先到，地震不是很强，可立即灭火，以防止引发更大的火灾，平时要养成轻微振动也能灭火的习惯。

（2）振动减弱时立即灭火。

在强烈振动时接近火源有可能烧伤自身，并导致自己衣物成为助燃物，所以要等振动减弱后灭火。

（3）火灾发生 3 分钟内。

发生火灾时，发生火灾后三分钟最关键，地震具有瞬时性，持续时间通常在 3 分钟之内，仍然有时间灭火。

即使火灾不大也要大声呼叫以求助邻居帮助，并且报警拨打“119”，可使用灭火器、水，而且可用毛毯盖压等手边一切可以使用的灭火工具灭火。但是，火灾无法控制时应逃离火场，逃离时应尽量关上门窗以减少空气进入加大火势。

9.6 常见火源的灭火方法

1. 油锅

不要慌张地泼水，要用毛毯或湿毛巾从前向后盖上去以隔断空气，或使用灭火器。

2. 自身灭火

卧地滚动、求身边人拍打灭火或使用灭火器，头发燃着时，可以用毛巾、衣服类盖压灭火，要避开化纤类易燃物。

3. 浴室

首先关掉煤气阀，然后再慢慢地打开窗户全力灭火。

4. 家用电器

首先切掉电源以防止触电，然后灭火。

9.7 目标安全区及逃生原则

火灾无法控制时，应立即放弃救火，迅速逃离火场避难。地震火灾逃生与普通火灾逃生是不同的：①地震火灾往往处于初起阶段，②人员已经在地震停止后准备外出撤离，③地震中有余震，房屋不安全，④地震中无专业消防队员救援。

地震火灾应该遵循下列原则：

（1）加强自身防护，减少烟气侵害。

火灾中首先采取个人防护措施，例如用毛巾等，扎住口鼻，防止吸入高温烟气，披上浸湿的毛毯等逃出火区；其次，逃生要低位撤离，不要直立行走，因为1.5m以上空气已经含有大量二氧化碳。逃离着火房间时，要关紧房门，把火限制在起火房间。

（2）正确选择逃生路线，向室外有序撤离。

地震火灾中，目标安全区是室外，选择最短的直通室外的通道、出口，一定要有序撤离向室外，地震火灾处于初起阶段，初起阶段一般为5 ~ 7分钟，时间是满足有序撤离要求的。不要坐电梯，电梯井直通大楼各层，烟、热、火很容易涌入，危及生命，且在地震中易变形卡住。不要向楼顶逃生，在地震中，由于无人救援，这是坐以待毙的做法。

9.8 逃生流程及逃生行为

1. 在浓烟中逃生时，要用毛巾捂住嘴鼻，弯腰行走或匍匐前进，寻找安全出口。

毛巾除烟是一种很有效的方式，对顺利逃生有着十分重要的作用。干毛巾折叠8层较好，烟雾消除率可高达60%，且可呼吸比较正常，毛巾可不弄湿，湿毛巾除烟效果好，但是通气阻力大，很快使人呼吸困难。

2. 火灾发生时应披上浸湿的衣服、毛毯、被褥等迅速冲出火场，并大声呼喊受火势威胁的周围居民。

3. 不要考虑服装、携带物品、财物等，应尽快逃离火场。一旦逃离火场切勿返回。

4. 如果身上着火，不要奔跑，就地打滚，压灭身上火苗后继续逃生。

5. 公共场所（如商场、舞厅、影剧院等）地震中发生火灾时。

向就近的安全门（安全通道）方向分流疏散撤离，一定要有序撤离，防止人员践踏，这是速度最快的方式。

地震中，消防队员是难以及时赶到的，就地组织灭火救援是最有效的方式，但是平时要学习科学灭火知识。

普通火灾中，在无法从安全楼梯逃生时，可以采用结绳外悬待援法，高空室外待援法、卫生间待援法、避难层待援法、跳楼逃生法。总体来看在地震火灾中凶多吉少，不宜轻易采用。结绳（管道）下滑法，相对好些，该方法易在地震中摔死或摔伤，在第一次地震结束后（约 3 分钟后）才下滑，要用毛巾或手套保护手，防止滑落时，无法抓住绳子。

东京帝国饭店抗震采用了多种措施。

(1) 设置抗震缝

帝国饭店设置了较多的抗震缝，长度超过 18m 就设置一条，从而把复杂的 H 形建筑分为若干简单的矩形建筑，这符合现代的抗震理念。

(2) 结构采用配筋砌体结构

帝国饭店不是采用普通的砖墙，而是建了双层墙，在外边两层砖中间浇筑钢筋混凝土。

(3) 加大砌体结构构件尺寸

帝国首层墙特别厚，高层的墙逐渐减薄，尽量少开窗子，通过这些措施，加大了结构的截面，从而加大了结构的抗震安全度。

(4) 采用了轻屋顶

帝国饭店抛弃了原日本常用的坡屋顶，设置了轻型手工制的绿铜房顶。

(5) 防止设备损坏造成次生灾害

在帝国饭店中，把饭店的管道和电线埋在沟里或悬挂，对管道和电线起到重要的保护作用。

(6) 设计了消防水池

利用饭店前的景观水池，兼作消防水池。

1923年，关东地震发生，8.3级，东京成为一片废墟，并发生了可怕的火灾，是世界上死于火灾人数最多的一次地震。东京帝国饭店尽管遭到了破坏和断裂，没用倒塌，成为为数不多地屹立在震后东京的房屋，消防水池的水防止了火灾，帝国饭店有效地保护了人们的生命。

帝国饭店的抗震不足之处主要在于钢筋混凝土短桩基础。帝国饭店有将近20米的软泥土，地基很差，赖特采用了短桩基础，希望旅馆在软泥上上漂浮，就像战舰在海上漂浮一样。尽管混凝土短桩基础是赖特颇为自豪的措施，认为既节省了费用抗震性能又好，然而这个设计是错误的，这种短桩使得地震时放大了地面运动，是造成帝国饭店破坏和断裂的原因之一。

10 地震逃生展望

10.1 地震逃生的实现

地震逃生是一种重要的地震灾害应对方式，综合逃生法是目前比较科学的地震逃生方法，与其他地震逃生方法不同，综合地震逃生法特别重视震前培训和演习。从 5.1.2 节可知，对于“钢筋混凝土异型框架柱结构多层住宅”，没有震前的准备和培训工作，在地震中逃生人员是无法准确判断目标安全区，实现科学地震逃生的。实现科学地震逃生是一个系统工程，可采取以下措施：

（1）建立权责清晰的培训体系

地震逃生是一个复杂的系统工程！地震逃生培训是震前准备重要的一环，需要地质、建设、地震、消防、民众共同参与，有效配合。

地质系统震前做好地质评估，给出无严重地质灾害的目标安全区：室外安全带。

建设系统震前做好工程建设，给出房屋安全等级、目标安全区、逃生路径、逃生行为和逃生流程的建议。灾害决定逃生，工程千差万别，只有具体建设者才能从设计、施工等角度给出综合的地震逃生建议。

地震系统和消防系统做好设防烈度、科普培训、地震逃生演习等工作。

民众系统从自己需要出发给出合理的需求，并积极参与地震逃生演习。

（2）提高房屋抗震性能

通过提高房屋抗震性能，从而缩短地震逃生距离和逃生时间，是最有效的地震逃生措施之一。我国规范只是给出了最低安全要求，是“小震不坏，中震可修，大震不倒”。汶川地震、唐山地震等多次严重震害表明，这个设防目标是值得商榷的，建筑物有可能遇到高于“设防大震”的巨震。目前的2010年版本的抗震规范对设防巨震是没有明确要求的，但是较2002年版抗震规范适当放开了，允许按照性能化设计。我国社会和经济在快速发展，根据国家统计局相关资料，城镇居民家庭年人均纯收入从1990年的1510.2元到2006年的11759元（参见图10-1），公民的生命权和财产权越来越重要，完全有能力、有必要根据客户具体需求，考虑设防巨震的性能要求，建设带有避难单元的房屋，实现“巨震，(避难单元）不倒”的抗震目标，地震来临时，逃生人员可以逃生到避难单元中去，从而实现地震逃生的目标。

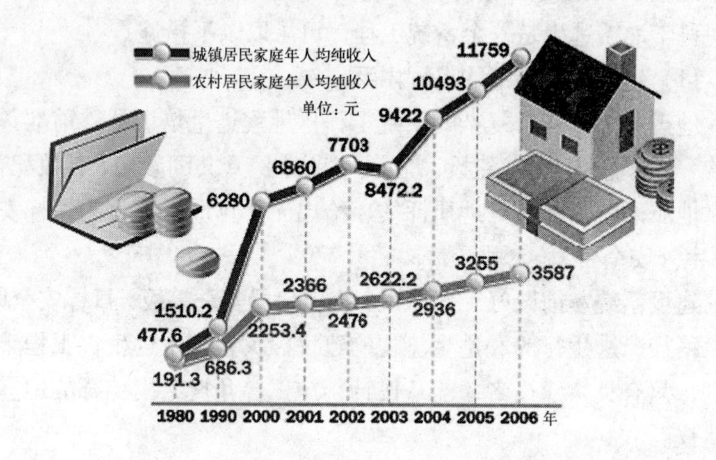

图10-1 家庭年人均纯收入[113]（数据源自国家统计局）

10.2 地震逃生的局限性

地震逃生是一种重要的地震灾害应对方式，然而地震逃生是有局限性的，有一定的适用范围。对于以下情况无效或者效果很差：

1. 逃生人员无移动能力或者移动能力很弱。

如图 10-2 所示的婴儿或者图 10-3 所示的残疾人，在地震中很难通过逃生来有效地防震减灾。

图 10-2　无移动能力的婴儿
（摄影：姚攀峰）

图 10-3　坐轮椅的老人（摄影：姚攀峰）

2. 环境无安全区

有的房屋或者地质环境很差，在地震中根本就无V级以上的目标安全区，例如有的楼房是粉碎性倒塌，地震逃生的效果是非常差。

10.3 地震逃生的展望

地震是造成人员伤亡最多的自然灾害，研究和掌握地震逃生是有必要的。通过提高工程抗震性能等多种措施，不断的使得地震逃生越来越简单，越来越有效，是地震逃生的目标和发展方向，终极目标是地震灾害不再是威胁，能够取消地震逃生，使得人民的生命和财产得到最大限度的保护。

10.4 抗震救灾资料的收集与管理

为了更好地抗震救灾，地震教育网和作者诚征相关方面的资料，主要关于房屋震害、地震自救、地震救援三个方面的内容，具体表格详见附表1房屋震害表、附表2地震自救表、附表3地震救援表，表格可到地震教育网下载，资料收集的专用邮箱为kzjz20080512@sina.com，这些资料将免费在地震教育网（http：//www.cee512.org）公布，供相关人员使用。

附录 1

我国主要城镇抗震设防烈度、设计基本地震加速度和设计地震分组 [116]

本附录仅提供我国抗震设防区各县级及县级以上城镇的中心地区建筑工程抗震设计时所采用的抗震设防烈度、设计基本地震加速度值和所属的设计地震分组。

注:本附录一般把“设计地震第一、二、三组”简称为“第一组、第二组、第三组”。

A.0.1 首都和直辖市

1 抗震设防烈度为 8 度，设计基本地震加速度值为 0.20g：

第一组:北京（东城、西城、崇文、宣武、朝阳、丰台、石景山、海淀、房山、通州、顺义、大兴、平谷），延庆，天津（汉沽），宁河。

2 抗震设防烈度为 7 度，设计基本地震加速度值为 0.15g：

第二组:北京（昌平、门头沟、怀柔、密云）;天津（和平、河东、河西、南开、河北、红桥、塘沽、东丽、西青、津南、北辰、武清、宝坻），蓟县，静海。

3 抗震设防烈度为 7 度，设计基本地震加速度值为 0.10g：

第一组:上海（黄浦、卢湾、徐汇、长宁、静安、普陀、闸北、虹口、杨浦、闵行、宝山、嘉定、浦东、松江、青浦、南汇、奉贤）;

第二组:天津（大港）。

4 抗震设防烈度为6度、设计基本地震加速度值为0.05g：

第一组：上海（金山），崇明；重庆（渝中、大渡口、江北、沙坪坝、九龙坡、南岸、北碚、万盛、双桥、渝北、巴南、万州、涪陵、黔江、长寿、江津、合川、永川、南川），巫山，奉节，云阳，忠县，丰都，璧山，铜梁，大足，荣昌，綦江，石柱，巫溪*。

注：上标*指该城镇的中心位于本设防区和较低设防区的分界线，下同。

A.0.2 河北省

1 抗震设防烈度为8度，设计基本地震加速度值为0.20g：

第一组：唐山（路北、路南、古冶、开平、丰润、丰南），三河，大厂，香河，怀来，涿鹿；

第二组：廊坊（广阳、安次）。

2 抗震设防烈度为7度，设计基本地震加速度值为0.15g：

第一组：邯郸（丛台、邯山、复兴、峰峰矿区），任丘，河间，大城，滦县，蔚县，磁县，宣化县，张家口（下花园、宣化区），宁晋*；

第二组：涿州，高碑店，涞水，固安，永清，文安，玉田，迁安，卢龙，滦南，唐海，乐亭，阳原，邯郸县，大名，临漳，成安。

3 抗震设防烈度为7度，设计基本地震加速度值为0.10g：

第一组：张家口（桥西、桥东），万全，怀安，安平，饶阳，晋州，深州，辛集，赵县，隆尧，任县，南和，新河，肃宁，柏乡；

第二组：石家庄（长安、桥东、桥西、新华、裕华、井陉矿区），保定（新市、北市、南市），沧州（运河、新华），邢台（桥东、桥西），衡水，霸州，雄县，易县，沧县，张北，兴隆，迁西，抚宁，昌黎，青县，献县，广宗，平乡，鸡泽，曲周，肥乡，馆陶，广平，高邑，内丘，邢台县，武安，涉县，赤城，定兴，容城，徐水，安新，高阳，博野，蠡县，深泽，魏县，藁城，栾城，武强，冀州，巨鹿，沙河，临城，泊头，永年，崇礼，南宫*；

第三组：秦皇岛（海港、北戴河），清苑，遵化，安国，涞源，承德（鹰手营子*）。

抗震设防烈度为 6 度，设计基本地震加速度值为 0.05g：

第一组：围场，沽源；

第二组：正定，尚义，无极，平山，鹿泉，井陉县，元氏，南皮，吴桥，景县，东光；

第三组：承德（双桥、双滦），秦皇岛（山海关），承德县，隆化，宽城，青龙，阜平，满城，顺平，唐县，望都，曲阳，定州，行唐，赞皇，黄骅，海兴，孟村，盐山，阜城，故城，清河，新乐，武邑，枣强，威县，丰宁，滦平，平泉，临西，灵寿，邱县。

A.0.3 山西省

1 抗震设防烈度为 8 度，设计基本地震加速度值为 0.20g：

第一组：太原（杏花岭、小店、迎泽、尖草坪、万柏林、晋源），晋中，清徐，阳曲，忻州，定襄，原平，介休，灵石，汾西，代县，霍州，古县，洪洞，临汾，襄汾，浮山，永济；

第二组：祁县，平遥，太谷。

2 抗震设防烈度为 7 度，设计基本地震加速度值为 0.15g：

第一组：大同（城区、矿区、南郊），大同县，怀仁，应县，繁峙，五台，广灵，灵丘，芮城，翼城；

第二组：朔州（朔城区），浑源，山阴，古交，交城，文水，汾阳，孝义，曲沃，侯马，新绛，稷山，绛县，河津，万荣，闻喜，临猗，夏县，运城，平陆，沁源*，宁武*。

3 抗震设防烈度为 7 度，设计基本地震加速度值为 0.10g：

第一组：阳高，天镇；

第二组：大同（新荣），长治（城区、郊区），阳泉（城区、矿区、郊区），长治县，左云，右玉，神池，寿阳，昔阳，安泽，平定，和顺，乡宁，垣曲，黎城，潞城，壶关。

第三组：平顺，榆社，武乡，娄烦，交口，隰县，蒲县，吉县，静乐，陵川，盂县，沁水，沁县，朔州（平鲁）。

4 抗震设防烈度为6度，设计基本地震加速度值为0.05g：

第三组：偏关，河曲，保德，兴县，临县，方山，柳林，五寨，岢岚，岚县，中阳，石楼，永和，大宁，晋城，吕梁，左权，襄垣，屯留，长子，高平，阳城，泽州。

A.0.4 内蒙古自治区

1 抗震设防烈度为8度、设计基本地震加速度值为0.30g：

第一组：土墨特右旗，达拉特旗*。

2 抗震设防烈度为8度，设计基本地震加速度值为0.20g：

第一组：呼和浩特（新城、回民、玉泉、赛罕），包头（昆都仑、东河、青山、九泉），乌海（海勃湾、海南、乌达），土墨特左旗，杭锦后旗，磴口，宁城；

第二组：包头（石拐），托克托*。

3 抗震设防烈度为7度，设计基本地震加速度值为0.15g：

第一组：赤峰（红山*，元宝山区），喀喇沁旗，巴彦淖尔，五原，乌拉特前旗，凉城；

第二组：固阳，武川，和林格尔；

第三组：阿拉善左旗。

4 抗震设防烈度为7度，设计基本地震加速度值为0.10g：

第一组：赤峰（松山区），察右前旗，开鲁，傲汉旗，扎兰屯，通辽*；

第二组：清水河，乌兰察布，卓资，丰镇，乌特拉后旗，乌特拉中旗；

第三组：鄂尔多斯，准格尔旗。

5 抗震设防烈度为6度，设计基本地震加速度值为0.05g：

第一组：满洲里，新巴尔虎右旗，莫力达瓦旗，阿荣旗，扎赉特旗，翁牛特旗，商都，乌审旗，科左中旗，科左后旗，奈曼旗，库伦旗，苏尼特右旗；

第二组：兴和，察右后旗；

第三组：达尔罕茂明安联合旗，阿拉善右旗，鄂托克旗，鄂托克前旗，包头（白云矿区），伊金霍洛旗，杭锦旗，四子王旗，察右中旗。

A.0.5 辽宁省

1 抗震设防烈度为 8 度，设计基本地震加速度值为 0.20g：

第一组：普兰店，东港。

2 抗震设防烈度为 7 度，设计基本地震加速度值为 0.15g：

第一组：营口（站前、西市、鲅鱼圈、老边），丹东（振兴、元宝、振安），海城，大石桥，瓦房店，盖州，大连（金州）。

3 抗震设防烈度为 7 度，设计基本地震加速度值为 0.10g：

第一组：沈阳（沈河、和平、大东、皇姑、铁西、苏家屯、东陵、沈北、于洪），鞍山（铁东、铁西、立山、千山），朝阳（双塔、龙城），辽阳（白塔、文圣、宏伟、弓长岭、太子河），抚顺（新抚、东洲、望花），铁岭（银州、清河），盘锦（兴隆台、双台子），盘山，朝阳县，辽阳县，铁岭县，北票，建平，开原，抚顺县*，灯塔，台安，辽中，大洼；

第二组：大连（西岗、中山、沙河口、甘井子、旅顺），岫岩，凌源。

4 抗震设防烈度为 6 度，设计基本地震加速度值为 0.05g：

第一组：本溪（平山、溪湖、明山、南芬），阜新（细河、海州、新邱、太平、清河门），葫芦岛（龙港、连山），昌图，西丰，法库，彰武，调兵山，阜新县，康平，新民，黑山，北宁，义县，宽甸，庄河，长海，抚顺（顺城）；

第二组：锦州（太和、古塔、凌河），凌海，凤城，喀喇沁左翼；

第三组：兴城，绥中，建昌，葫芦岛（南票）。

A.0.6 吉林省

1 抗震设防烈度为8度，设计基本地震加速度值为0.20g：

前郭尔罗斯，松原。

2 抗震设防烈度为7度，设计基本地震加速度值为0.15g：

大安*。

3 抗震设防烈度为7度，设计基本地震加速度值为0.10g：

长春（难关、朝阳、宽城、二道、绿园、双阳），吉林（船营、龙潭、昌邑、丰满），白城，乾安，舒兰，九台，永吉*。

4 抗震设防烈度为6度，设计基本地震加速度值为0.05g：

四平（铁西、铁东），辽源（龙山、西安），镇赉，洮南，延吉，汪清，图们，珲春，龙井，和龙，安图，蛟河，桦甸，梨树，磐石，东丰，辉南，梅河口，东辽，榆树，靖宇，抚松，长岭，德惠，农安，伊通，公主岭，扶余，通榆*。

注：全省县级及县级以上设防城镇，设计地震分组均为第一组。

A.0.7 黑龙江省

1 抗震设防烈度为7度，设计基本地震加速度值为0.10g：

绥化，萝北，泰来。

2 抗震设防烈度为6度，设计基本地震加速度值为0.05g：

哈尔滨（松北、道里、南岗、道外、香坊、平房、呼兰、阿城），齐齐哈尔（建华、龙沙、铁峰、昂昂溪、富拉尔基、碾子山、梅里斯），大庆（萨尔图、龙凤、让胡路、大同、红岗），鹤岗（向阳、兴山、工农、南山、兴安、东山），牡丹江（东安、爱民、阳明、西安），鸡西（鸡冠、恒山、滴道、梨树、城子河、麻山），佳木斯（前进、向阳、东风、郊区），七台河（桃山、新兴、茄子河），伊春（伊春区，乌马、友好)，鸡东，望奎，穆棱，绥芬河，东宁，宁安，五大连池，嘉荫，汤原，桦南，桦川，依兰，勃利，通河，方正，木兰，巴彦，延寿，尚志，宾县，安达，明水，绥棱，庆安，兰西，肇东，肇州，双城，五常，讷河，北安，甘南，富裕，龙江，黑河，肇源，青冈*，海林*。

注：全省县级及县级以上设防城镇，设计地震分组均为第一组。

A.0.8 江苏省

1 抗震设防烈度为 8 度，设计基本地震加速度值为 0.30g：

第一组：宿迁（宿城、宿豫*）。

2 抗震设防烈度为 8 度，设计基本地震加速度值为 0.20g：

第一组：新沂，邳州，睢宁。

3 抗震设防烈度为 7 度，设计基本地震加速度值为 0.15g：

第一组：扬州（维扬、广陵、邗江），镇江（京口、润州），泗洪，江都；

第二组：东海，沭阳，大丰。

4 抗震设防烈度为 7 度，设计基本地震加速度值为 0.10g：

第一组：南京（玄武、白下、秦淮、建邺、鼓楼、下关、浦口、六合、栖霞、雨花台、江宁），常州（新北、钟楼、天宁、戚墅堰、武进），泰州（海陵、高港），江浦，东台，海安，姜堰，如皋，扬中，仪征，兴化，高邮，六合，句容，丹阳，金坛，镇江（丹徒），溧阳，溧水，昆山，太仓；

第二组：徐州（云龙、鼓楼、九里、贾汪、泉山），铜山，沛县，淮安（清河、青浦、淮阴），盐城（亭湖、盐都），泗阳，盱眙，射阳，赣榆，如东；

第三组：连云港（新浦、连云、海州），灌云。

5 抗震设防烈度为 6 度，设计基本地震加速度值为 0.05g：

第一组：无锡（崇安、南长、北塘、滨湖、惠山），苏州（金阊、沧浪、平江、虎丘、吴中、相成），宜兴，常熟，吴江，泰兴，高淳；

第二组：南通（崇川、港闸），海门，启东，通州，张家港，靖江，江阴，无锡（锡山），建湖，洪泽，丰县；

第三组：响水，滨海，阜宁，宝应，金湖，灌南，涟水，楚州。

A.0.9 浙江省

1 抗震设防烈度为7度、设计基本地震加速度值为0.10g：

第一组：岱山，嵊泗，舟山（定海、普陀），宁波（北仑、镇海）。

2 抗震设防烈度为6度、设计基本地震加速度值为0.05g：

第一组：杭州（拱墅、上城、下城、江干、西湖、滨江、余杭、萧山），宁波（海曙、江东、江北、鄞州），湖州（吴兴、南浔），嘉兴（南湖、秀洲），温州（鹿城、龙湾、瓯海），绍兴，绍兴县，长兴，安吉，临安，奉化，象山，德清，嘉善，平湖，海盐，桐乡，海宁，上虞，慈溪，余姚，富阳，平阳，苍南，乐清，永嘉，泰顺，景宁，云和，洞头；

第二组：庆元，瑞安。

A.0.10 安徽省

1 抗震设防烈度为7度，设计基本地震加速度值为0.15g：

第一组：五河，泗县。

2 抗震设防烈度为7度，设计基本地震加速度值为0.10g：

第一组：合肥（蜀山、庐阳、瑶海、包河），蚌埠（蚌山、龙子湖、禹会、淮山），阜阳（颍州、颖东、颍泉），淮南（田家庵、大通），枞阳，怀远，长丰，六安（金安、裕安），固镇，凤阳，明光，定远，肥东，肥西，舒城，庐江，桐城，霍山，涡阳，安庆（大观、迎江、宜秀），铜陵县*；

第二组：灵璧。

3 抗震设防烈度为 6 度，设计基本地震加速度值为 0.05g：

第一组：铜陵（铜官山、狮子山、郊区），淮南（谢家集、八公山、潘集），芜湖（镜湖、戈江、三江、鸠江），马鞍山（花山、雨山、金家庄），芜湖县，界首，太和，临泉，阜南，利辛，凤台，寿县，颍上，霍邱，金寨，含山，和县，当涂，无为，繁昌，池州，岳西，潜山，太湖，怀宁，望江，东至，宿松，南陵，宣城，郎溪，广德，泾县，青阳，石台；

第二组：滁州（琅琊、南谯），来安，全椒，砀山，萧县，蒙城，亳州，巢湖，天长；

第三组：濉溪，淮北，宿州。

A.0.11 福建省

1 抗震设防烈度为 8 度，设计基本地震加速度值为 0.20g：

第一组：金门*。

2 抗震设防烈度为 7 度，设计基本地震加速度值为 0.15g：

第一组：漳州（芗城、龙文），东山，诏安，龙海；

第二组：厦门（思明、海沧、湖里、集美、同安、翔安），晋江，石狮，长泰，漳浦；

第三组：泉州（丰泽、鲤城、洛江、泉港）。

3 抗震设防烈度为 7 度，设计基本地震加速度值为 0.10g：

第一组：福州（鼓楼、台江、仓山、晋安），华安，南靖，平和，云霄；

第二组：莆田（城厢、涵江、荔城、秀屿），长乐，福清，平潭，惠安，南安，安溪，福州（马尾）。

4 抗震设防烈度为 6 度，设计基本地震加速度值为 0.05g：

第一组：三明（梅列、三元），屏南，霞浦，福鼎，福安，柘荣，寿宁，周宁，松溪，宁德，古田，罗源，沙县，龙溪，闽清，闽侯，南平，大田，漳平，龙岩，泰宁，宁化，长汀，武平，建宁，将乐，明溪，清流，连城，上杭，永安，建瓯；

第二组：政和，永定；

第三组：连江，永泰，德化，永春，仙游，马祖。

A.0.12 江西省

1 抗震设防烈度为7度，设计基本地震加速度值为0.10g：

寻乌，会昌。

2 抗震设防烈度为6度，设计基本地震加速度值为0.05g：

南昌（东湖、西湖、青云谱、湾里、青山湖），南昌县，九江（浔阳、庐山），九江县，进贤，余干，彭泽，湖口，星子，瑞昌，德安，都昌，武宁，修水，靖安，铜鼓，宜丰，宁都，石城，瑞金，安远，定南，龙南，全南，大余。

注：全省县级及县级以上设防城镇，设计地震分组均为第一组。

A.0.13 山东省

1 抗震设防烈度为8度，设计基本地震加速度值为0.20g：

第一组：郯城，临沭，莒南，莒县，沂水，安丘，阳谷，临沂（河东）。

2 抗震设防烈度为7度，设计基本地震加速度值为0.15g：

第一组：临沂（兰山、罗庄），青州，临朐，菏泽，东明，聊城，莘县，鄄城；

第二组：潍坊（奎文、潍城、寒亭、坊子），苍山，沂南，昌邑，昌乐，诸城，五莲，长岛，蓬莱，龙口，枣庄（台儿庄），淄博（临淄*），寿光*。

3 抗震设防烈度为7度，设计基本地震加速度值为0.10g：

第一组：烟台（莱山、芝罘、牟平），威海，文登，高唐，茌平，定陶，成武；

第二组：烟台（福山），枣庄（薛城、市中、峄城、山亭*），淄博（张店、淄川、周村），平原，东阿，平阴，梁山，郓城，巨野，曹县，广饶，博兴，高青，桓台，蒙阴，费县，微山，禹城，冠县，单县*，夏津*，莱芜（莱城*、钢城）；

第三组：东营（东营、河口），日照（东港、岚山），沂源，招远，新泰，栖霞，莱州，平度，高密，垦利，淄博（博山），滨州*，平邑*。

4 抗震设防烈度为 6 度，设计基本地震加速度值为 0.05g：

第一组：荣成；

第二组：德州，宁阳，曲阜，邹城，鱼台，乳山，兖州；

第三组：济南（市中、历下、槐荫、天桥、历城、长清），青岛（市南、市北、四方、黄岛、崂山、城阳、李沧），泰安（泰山、岱岳），济宁（市中、任城），乐陵，庆云，无棣，阳信，宁津，沾化，利津，武城，惠民，商河，临邑，济阳，齐河，章丘，泗水，莱阳，海阳，金乡，滕州，莱西，即墨，胶南，胶州，东平，汶上，嘉祥，临清，肥城，陵县，邹平。

A.0.14 河南省

1 抗震设防烈度为 8 度，设计基本地震加速度值为 0.20g：

第一组：新乡（卫滨、红旗、凤泉、牧野），新乡县，安阳（北关、文峰、殷都、龙安），安阳县，淇县，卫辉，辉县，原阳，延津，获嘉，范县；

第二组：鹤壁（淇滨、山城*、鹤山*），汤阴。

2 抗震设防烈度为 7 度，设计基本地震加速度值为 0.15g：

第一组：台前，南乐，陕县，武陟；

第二组：郑州（中原、二七、管城、金水、惠济），濮阳，濮阳县，长桓，封丘，修武，内黄，浚县，滑县，清丰，灵宝，三门峡，焦作（马村*），林州*。

3 抗震设防烈度为7度，设计基本地震加速度值为0.10g：

第一组：南阳（卧龙、宛城），新密，长葛，许昌*，许昌县；

第二组：郑州（上街），新郑，洛阳（西工、老城、瀍河、涧西、吉利、洛龙*），焦作（解放、山阳、中站），开封（鼓楼、龙亭、顺河、禹王台、金明），开封县，民权，兰考，孟州，孟津，巩义，偃师，沁阳，博爱，济源，荥阳，温县，中牟，杞县*。

4 抗震设防烈度为6度，设计基本地震加速度值为0.05g：

第一组：信阳（浉河、平桥），漯河（郾城、源汇、召陵），平顶山（新华、卫东、湛河，石龙），汝阳，禹州，宝丰，鄢陵，扶沟，太康，鹿邑，郸城，沈丘，项城，淮阳，周口，商水，上蔡，临颍，西华，西平，栾川，内乡，镇平，唐河，邓州，新野，社旗，平舆，新县，驻马店，泌阳，汝南，桐柏，淮滨，息县，正阳，遂平，光山，罗山，潢川，商城，固始，南召，叶县*，舞阳*；

第二组：商丘（梁园、睢阳），义马，新安，襄城，郏县，嵩县，宜阳，伊川，登封，柘城，尉氏，通许，虞城，夏邑，宁陵；

第三组：汝州，睢县，永城，卢氏，洛宁，渑池。

A.0.15 湖北省

1 抗震设防烈度为7度，设计基本地震加速度值为0.10g：

竹溪，竹山，房县。

2 抗震设防烈度为6度，设计基本地震加速度值为0.05g：

武汉（江岸、江汉、硚口、汉阳、武昌、青山、洪山、东西湖、汉南、蔡甸、江夏、黄陂、新洲），荆州（沙市、荆州），荆门（东宝、掇刀），襄樊（襄城、樊城、襄阳），十堰（茅箭、张湾），宜昌（西陵、伍家岗、点军、猇亭、夷陵），黄石（下陆、黄石港、西塞山、铁山），恩施，咸宁，麻城，团风，罗田，英山，黄冈，鄂州，浠水，蕲春，黄梅，武穴，郧西，郧县，丹江口，谷城，老河口，宜城，南漳，保康，神农架，钟祥，沙洋，远安，兴山，巴东，秭归，当阳，建始，利川，公安，宣恩，咸丰，长阳，嘉鱼，大冶，宜都，枝江，松滋，江陵，石首，监利，洪湖，孝感，应城，云梦，天门，仙桃，红安，安陆，潜江，通山，赤壁，崇阳，通城，五峰*，京山*。

注：全省县级及县级以上设防城镇，设计地震分组均为第一组。

A.0.16 湖南省

1 抗震设防烈度为 7 度，设计基本地震加速度值为 0.15g：

常德（武陵、鼎城）。

2 抗震设防烈度为 7 度，设计基本地震加速度值为 0.10g：

岳阳（岳阳楼、君山*），岳阳县，汨罗，湘阴，临澧，澧县，津市，桃源，安乡，汉寿。

3 抗震设防烈度为 6 度、设计基本地震加速度值为 0.05g：

长沙（岳麓、芙蓉、天心、开福、雨花），长沙县，岳阳（云溪），益阳（赫山、资阳），张家界（永定、武陵源），郴州（北湖、苏仙），邵阳（大祥、双清、北塔），邵阳县，泸溪，沅陵，娄底，宜章，资兴，平江，宁乡，新化，冷水江，涟源，双峰，新邵，邵东，隆回，石门，慈利，华容，南县，临湘，沅江，桃江，望城，溆浦，会同，靖州，韶山，江华，宁远，道县，临武，湘乡*，安化*，中方*，洪江*。

注：全省县级及县级以上设防城镇，设计地震分组均为第一组。

A.0.17 广东省

1 抗震设防烈度为 8 度，设计基本地震加速度值为 0.20g：

汕头（金平、濠江、龙湖、澄海），潮安，南澳，徐闻，潮州*。

2 抗震设防烈度为 7 度，设计基本地震加速度值为 0.15g：

揭阳，揭东，汕头（潮阳、潮南），饶平。

3 抗震设防烈度为 7 度，设计基本地震加速度值为 0.10g：

广州（越秀、荔湾、海珠、天河、白云、黄埔、番禺、南沙、萝岗），深圳（福田、罗湖、南山、宝安、盐田），湛江（赤坎、霞山、坡头、麻章），汕尾，海丰，普宁，惠来，阳江，阳东，阳西，茂名（茂南、茂港），化州，廉江，遂溪，吴川，丰顺，中山，珠海（香洲、斗门、金湾），电白，雷州，佛山（顺德、南海、禅城*），江门（蓬江、江海、新会）*，陆丰*。

4 抗震设防烈度为 6 度，设计基本地震加速度值为 0.05g：

韶关（浈江、武江、曲江），肇庆（端州、鼎湖），广州（花都）深圳（龙岗），河源，揭西，东源，梅州，东莞，清远，清新，南雄，仁化，始兴，乳源，英德，佛冈，龙门，龙川，平远，从化，梅县，兴宁，五华，紫金，陆河，增城，博罗，惠州（惠城、惠阳），惠东，四会，云浮，云安，高要，佛山（三水、高明），鹤山，封开，郁南，罗定，信宜，新兴，开平，恩平，台山，阳春，高州，翁源，连平，和平，蕉岭，大浦，新丰*。

注：全省县级及县级以上设防城镇，除大浦为设计地震第二组外，均为第一组。

A.0.18 广西壮族自治区

1 抗震设防烈度为 7 度，设计基本地震加速度值为 0.15g：

灵山，田东。

2 抗震设防烈度为 7 度、设计基本地震加速度值为 0.10g：

玉林，兴业，横县，北流，百色，田阳，平果，隆安，浦北，博白，乐业*。

3 抗震设防烈度为 6 度，设计基本地震加速度值为 0.05g：

南宁（青秀、兴宁、江南、西乡塘、良庆、邕宁），桂林（象山、叠彩、秀峰、七星、雁山），柳州（柳北、城中、鱼峰、柳南），梧州（长洲、万秀、蝶山），钦州（钦南、钦北），贵港（港北、港南），防城港（港口、防城），北海（海城、银海），兴安，灵川，临桂，永福，鹿寨，天峨，东兰，巴马，都安，大化，马山，融安，象州，武宣，桂平，平南，上林，宾阳，武鸣，大新，扶绥，东兴，合浦，钟山，贺州，藤县，苍梧，容县，岑溪，陆川，凤山，凌云，田林，隆林，西林，德保，靖西，那坡，天等，崇左，上思，龙州，宁明，融水，凭祥，全州。

注：全自治区县级及县级以上设防城镇，设计地震分组均为第一组。

A.0.19 海南省

1 抗震设防烈度为 8 度，设计基本地震加速度值为 0.30g：

海口（龙华、秀英、琼山、美兰）。

2 抗震设防烈度为 8 度，设计基本地震加速度值为 0.20g：

文昌，定安。

3 抗震设防烈度为 7 度，设计基本地震加速度值为 0.15g：

澄迈。

4 抗震设防烈度为 7 度，设计基本地震加速度值为 0.10g：

临高，琼海，儋州，屯昌。

5 抗震设防烈度为 6 度，设计基本地震加速度值为 0.05g：

三亚，万宁，昌江，白沙，保亭，陵水，东方，乐东，五指山，琼中。

注：全省县级及县级以上设防城镇，除屯昌、琼中为设计地震第二组外，均为第一组。

A.0.20 四川省

1 抗震设防烈度不低于 9 度，设计基本地震加速度值不小于 0.40g：

第二组：康定，西昌。

2 抗震设防烈度为 8 度，设计基本地震加速度值为 0.30g：

第二组：冕宁*。

3 抗震设防烈度为8度，设计基本地震加速度值为0.20g：

第一组：茂县，汶川，宝兴；

第二组：松潘，平武，北川（震前），都江堰，道孚，泸定，甘孜，炉霍，喜德，普格，宁南，理塘；

第三组：九寨沟，石棉，德昌。

4 抗震设防烈度为7度，设计基本地震加速度值为0.15g：

第二组：巴塘，德格，马边，雷波，天全，芦山，丹巴，安县，青川，江油，绵竹，什邡，彭州，理县，剑阁*；

第三组：荥经，汉源，昭觉，布拖，甘洛，越西，雅江，九龙，木里，盐源，会东，新龙。

5 抗震设防烈度为7度，设计基本地震加速度值为0.10g：

第一组：自贡（自流井、大安、贡井、沿滩）；

第二组：绵阳（涪城、游仙），广元（利州、元坝、朝天），乐山（市中、沙湾），宜宾，宜宾县，峨边，沐川，屏山，得荣，雅安，中江，德阳，罗江，峨眉山，马尔康；

第三组：成都（青羊、锦江、金牛、武侯、成华、龙泽泉、青白江、新都、温江），攀枝花（东区、西区、仁和），若尔盖，色达，壤塘，石渠，白玉，盐边，米易，乡城，稻城，双流，乐山（金口河、五通桥），名山，美姑，金阳，小金，会理，黑水，金川，洪雅，夹江，邛崃，蒲江，彭山，丹棱，眉山，青神，郫县，大邑，崇州，新津，金堂，广汉。

6 抗震设防烈度为6度，设计基本地震加速度值为0.05g：

第一组：泸州（江阳、纳溪、龙马潭），内江（市中、东兴），宣汉，达州，达县，大竹，邻水，渠县，广安，华蓥，隆昌，富顺，南溪，兴文，叙永，古蔺，资中，通江，万源，巴中，阆中，仪陇，西充，南部，射洪，大英，乐至，资阳；

第二组：南江，苍溪，旺苍，盐亭，三台，简阳，泸县，江安，长宁，高县，珙县，仁寿，威远；

第三组：犍为，荣县，梓潼，筠连，井研，阿坝，红原。

A.0.21 贵州省

1 抗震设防烈度为 7 度，设计基本地震加速度值为 0.10g：

第一组：望谟；

第二组：威宁。

2 抗震设防烈度为 6 度，设计基本地震加速度值为 0.05g：

第一组：贵阳（乌当*、白云*、小河、南明、云岩、花溪），凯里，毕节，安顺，都匀，黄平，福泉，贵定，麻江，清镇，龙里，平坝，纳雍，织金，普定，六枝，镇宁，惠水，长顺，关岭，紫云，罗甸，兴仁，贞丰，安龙，金沙，印江，赤水，习水，思南*。

第二组：六盘水，水城，册亨；

第三组：赫章，普安，晴隆，兴义，盘县。

A.0.22 云南省

1 抗震设防烈度不低于 9 度，设计基本地震加速度值不小于 0.40g：

第二组：寻甸，昆明（东川）；

第三组：澜沧。

2 抗震设防烈度为 8 度，设计基本地震加速度值为 0.30g：

第二组：剑川，嵩明，宜良，丽江，玉龙，鹤庆，永胜，潞西，龙陵，石屏，建水；

第三组：耿马，双江，沧源，勐海，西盟，孟连。

3 抗震设防烈度为 8 度，设计基本地震加速度值为 0.20g：

第一组：石林，玉溪，大理，巧家，江川，华宁，峨山，通海，洱源，宾川，弥渡，祥云，会泽，南涧；

第二组：昆明（盘龙、五华、官渡、西山），普洱（原思茅市），保山，马龙，呈贡，澄江，晋宁，易门，漾濞，巍山，云县，腾冲，施甸，瑞丽，梁河，安宁，景洪，永德，镇康，临沧，凤庆*，陇川*。

4 抗震设防烈度为7度，设计基本地震加速度值为0.15g：

第二组：香格里拉，泸水，大关，永善，新平*；

第三组：曲靖，弥勒，陆良，富民，禄劝，武定，兰坪，云龙，景谷，宁洱（原普洱），沾益，个旧，红河，元江，禄丰，双柏，开远，盈江，永平，昌宁，宁蒗，南华，楚雄，勐腊，华坪，景东。

5 抗震设防烈度为7度，设计基本地震加速度值为0.10g：

第二组：盐津，绥江，德钦，贡山，水富；

第三组：昭通，彝良，鲁甸，福贡，永仁，大姚，元谋，姚安，牟定，墨江，绿春，镇沅，江城，金平，富源，师宗，泸西，蒙自，元阳，维西，宣威。

6 抗震设防烈度为6度，设计基本地震加速度值为0.05g：

第一组：威信，镇雄，富宁，西畴，麻栗坡，马关；

第二组：广南；

第三组：丘北，砚山，屏边，河口，文山，罗平。

A.0.23 西藏自治区

1 抗震设防烈度不低于9度，设计基本地震加速度值不小于0.40g：

第三组：当雄，墨脱。

2 抗震设防烈度为8度，设计基本地震加速度值为0.30g：

第二组：申扎；

第三组：米林，波密。

3 抗震设防烈度为8度，设计基本地震加速度值为0.20g：

第二组：普兰，聂拉木，萨嘎；

第三组：拉萨，堆龙德庆，尼木，仁布，尼玛，洛隆，隆子，错那，曲松，那曲，林芝（八一镇），林周。

4 抗震设防烈度为 7 度，设计基本地震加速度值为 0.15g：

第二组：札达，吉隆，拉孜，谢通门，亚东，洛扎，昂仁；

第三组：日土，江孜，康马，白朗，扎囊，措美，桑日，加查，边坝，八宿，丁青，类乌齐，乃东，琼结，贡嘎，朗县，达孜，南木林，班戈，浪卡子，墨竹工卡，曲水，安多，聂荣，日喀则*，噶尔*。

5 抗震设防烈度为 7 度，设计基本地震加速度值为 0.10g：

第一组：改则；

第二组：措勤，仲巴，定结，芒康；

第三组：昌都，定日，萨迦，岗巴，巴青，工布江达，索县，比如，嘉黎，察雅，左贡，察隅，江达，贡觉。

6 抗震设防烈度为 6 度，设计基本地震加速度值为 0.05g：

第二组：革吉。

A.0.24 陕西省

1 抗震设防烈度为 8 度，设计基本地震加速度值为 0.20g：

第一组：西安（未央、莲湖、新城、碑林、灞桥、雁塔、阎良*、临潼），渭南，华县，华阴，潼关，大荔；

第三组：陇县。

2 抗震设防烈度为 7 度，设计基本地震加速度值为 0.15g：

第一组：咸阳（秦都、渭城），西安（长安），高陵，兴平，周至，户县，蓝田；

第二组：宝鸡（金台、渭滨、陈仓），咸阳（杨凌特区），千阳，岐山，凤翔，扶风，武功，眉县，三原，富平，澄城，蒲城，泾阳，礼泉，韩城，合阳，略阳；

第三组：凤县。

3 抗震设防烈度为 7 度，设计基本地震加速度值为 0.10g：

第一组：安康，平利；

第二组：洛南，乾县，勉县，宁强，南郑，汉中；

第三组：白水，淳化，麟游，永寿，商洛（商州），太白，留坝，铜川（耀州、王益、印台*），柞水*。

4 抗震设防烈度为6度、设计基本地震加速度值为0.05g：

第一组：延安，清涧，神木，佳县，米脂，绥德，安塞，延川，延长，志丹，甘泉，商南，紫阳，镇巴，子长*，子州*；

第二组：吴旗，富县，旬阳，白河，岚皋，镇坪；

第三组：定边，府谷，吴堡，洛川，黄陵，旬邑，洋县，西乡，石泉，汉阴，宁陕，城固，宜川，黄龙，宜君，长武，彬县，佛坪，镇安，丹凤，山阳。

A.0.25 甘肃省

1 抗震设防烈度不低于9度，设计基本地震加速度值不小于0.40g：

第二组：古浪。

2 抗震设防烈度为8度，设计基本地震加速度值为0.30g：

第二组：天水（秦州、麦积），礼县，西和；

第三组：白银（平川区）。

3 抗震设防烈度为8度，设计基本地震加速度值为0.20g：

第二组：菪昌，肃北，陇南，成县，徽县，康县，文县；

第三组：兰州（城关、七里河、西固、安宁），武威，永登，天祝，景泰，靖远，陇西，武山，秦安，清水，甘谷，漳县，会宁，静宁，庄浪，张家川，通渭，华亭，两当，舟曲。

4 抗震设防烈度为7度，设计基本地震加速度值为0.15g：

第二组：康乐，嘉峪关，玉门，酒泉，高台，临泽，肃南；

第三组：白银（白银区），兰州（红古区），永靖，岷县，东乡，和政，广河，临潭，卓尼，迭部，临洮，渭源，皋兰，崇信，榆中，定西，金昌，阿克塞，民乐，永昌，平凉。

5 抗震设防烈度为7度，设计基本地震加速度值为0.10g：

第二组：张掖，合作，玛曲，金塔；

第三组：敦煌，瓜洲，山丹，临夏，临夏县，夏河，碌曲，泾川，灵台，民勤，镇原，环县，积石山。

6 抗震设防烈度为 6 度，设计基本地震加速度值为 0.05g：

第三组：华池，正宁，庆阳，合水，宁县，西峰。

A.0.26 青海省

1 抗震设防烈度为 8 度，设计基本地震加速度值为 0.20g：

第二组：玛沁；

第三组：玛多，达日。

2 抗震设防烈度为 7 度，设计基本地震加速度值为 0.15g：

第一组：祁连；

第二组：甘德，门源，治多，玉树。

3 抗震设防烈度为 7 度，设计基本地震加速度值为 0.10g：

第二组：乌兰，称多，杂多，囊谦；

第三组：西宁（城中、城东、城西、城北），同仁，共和，德令哈，海晏，湟源，湟中，平安，民和，化隆，贵德，尖扎，循化，格尔木，贵南，同德，河南，曲麻莱，久治，班玛，天峻，刚察，大通，互助，乐都，都兰，兴海。

4 抗震设防烈度为 6 度，设计基本地震加速度值为 0.05g：

第三组：泽库。

A.0.27 宁夏回族自治区

1 抗震设防烈度为 8 度，设计基本地震加速度值为 0.30g：

第二组：海原。

2 抗震设防烈度为 8 度，设计基本地震加速度值为 0.20g：

第一组：石嘴山（大武口、惠农），平罗；

第二组：银川（兴庆、金凤、西夏），吴忠，贺兰，永宁，青铜峡，泾源，灵武，固原；

第三组：西吉，中宁，中卫，同心，隆德。

3 抗震设防烈度为 7 度，设计基本地震加速度值为 0.15g：

第三组：彭阳。

4 抗震设防烈度为 6 度，设计基本地震加速度值为 0.05g：

第三组：盐池。

A.0.28 新疆维吾尔自治区

1 抗震设防烈度不低于 9 度，设计基本地震加速度值不小于 0.40g：

第三组：乌恰，塔什库尔干。

2 抗震设防烈度为 8 度，设计基本地震加速度值为 0.30g：

第三组：阿图什，喀什，疏附。

3 抗震设防烈度为 8 度，设计基本地震加速度值为 0.20g：

第一组：巴里坤；

第二组：乌鲁木齐（天山、沙依巴克、新市、水磨沟、头屯河、米东），乌鲁木齐县，温宿，阿克苏，柯坪，昭苏，特克斯，库车，青河，富蕴，乌什*；

第三组：尼勒克，新源，巩留，精河，乌苏，奎屯，沙湾，玛纳斯，石河子，克拉玛依（独山子），疏勒，伽师，阿克陶，英吉沙。

4 抗震设防烈度为 7 度，设计基本地震加速度值为 0.15g：

第一组：木垒*；

第二组：库尔勒，新和，轮台，和静，焉耆，博湖，巴楚，拜城，昌吉，阜康；

第三组：伊宁，伊宁县，霍城，呼图壁，察布查尔，岳普湖。

5 抗震设防烈度为 7 度，设计基本地震加速度值为 0.10g：

第一组：鄯善；

第二组：乌鲁木齐（达坂城），吐鲁番，和田，和田县，吉木萨尔，洛浦，奇台，伊吾，托克逊，和硕，尉犁，墨玉，策勒，哈密；

第三组：五家渠，克拉玛依（克拉玛依区），博乐，温泉，阿合奇，阿瓦提，沙雅，图木舒克，莎车，泽普，叶城，麦盖提，皮山。

6 抗震设防烈度为 6 度，设计基本地震加速度值为 0.05g：

第一组：额敏，和布克赛尔；

第二组：于田，哈巴河，塔城，福海，克拉玛依（马尔禾）；

第三组：阿勒泰，托里，民丰，若羌，布尔津，吉木乃，裕民，克拉玛依（白碱滩），且末，阿拉尔。

A.0.29 港澳特区和台湾省

1 抗震设防烈度不低于 9 度，设计基本地震加速度值不小于 0.40g：

第一组：台中；

第二组：苗栗，云林，嘉义，花莲。

2 抗震设防烈度为 8 度，设计基本地震加速度值为 0.30g：

第二组：台南；

第三组：台北，桃园，基隆，宜兰，台东，屏东。

3 抗震设防烈度为 8 度，设计基本地震加速度值为 0.20g：

第三组：高雄，澎湖。

4 抗震设防烈度为 7 度，设计基本地震加速度值为 0.15g：

第一组：香港。

5 抗震设防烈度为 7 度，设计基本地震加速度值为 0.10g：

第一组：澳门。

附录 2

我们需要基于证据的地震逃生建议[117]

你要是花点时间念了库普的避震建议，并觉得他的话有点道理；或者，如果你把这些建议转发给了其他人，那么请读一下本文，并将其转发给向你传播库普建议的人，以及其他人。如果你还不知道库普的理论，只是想了解几点关于地震安全的建议，那么就请直接跳到 5、6 两部分。

（1）关于预知“生命三角区”的迷思

如果道格．库普（Doug Copp）关于地震安全的话引起了你的注意，那么我想探讨一下他的声明中可能激起你好奇心的几点——因为磨炼批判性思考的能力总是件好事——再者，为了能在地震中安全脱身，有些事是你能够做、也必须做的。

库普说得没错，建筑倒塌之后，确实会出现称为“生命三角”的区域。搜救人员正是首先在这些“救命空间”中寻找幸存者的。一般来说，物体越大越结实，就越不容易压缩。但是不要上当。地震的威力能够移动大型重物。我们所不知道的是：

1) 是否可能在倒塌发生之前预知何处将成为救命空间；

2) 是否可能在地震的强烈晃动中到达那些区域。我们事先并不知道特定建筑的倒塌模式（但这点值得研究），也不知道震动停止以后，这些救命空间会在哪里。如果你所在的建筑倒向一边，那么你近旁的“大型重物”可能将你压到墙上碾死……

库普说“当上方的道路坠落、压扁车辆，待在车辆内部的人也随之被压死”，还说在 Loma Prieta 地震中，如果死者当初能走出车辆并在车旁坐下或卧倒，那他们就都能活下来，因为车辆附近会形成救命空间。这个观点也有同样的问题：在压扁的车辆旁边观察到救命空间并不说明什么。车辆本身可能在震动开始之后发生位移。有许多证据表明：轿车和卡车会在强烈的震动中翻倒。如果人人都走出车门并在车边压低身子，那么许多人会被弹起或滑行到他们身上的车辆压死或严重压伤。

库普喜欢把他的证据建立在他参与过的土耳其“实验”上。不巧的是，所有参与者都不知道，那根本不是一个实验，而是一个志愿组织的搜救演习。我在土耳其的同事证实，一栋计划拆除的建筑被用作了搜救训练。为了观察爆破过程中可能发生的事，他们确实决定曾在不同地点放置了几个人体模特。他们确实曾报告说，大型重物近旁的人体模特没有损坏。

其中的问题出在哪里呢？很简单：为了让建筑倒塌，他们在柱子中间填装炸药，从而造成了建筑的平倒塌。他们并未模拟一次地震。地震是以波动的形式出现的，会引发侧向晃动，造成好几种损毁。由于该实验没有制造任何类似的晃动，它其实并未就地震发生时的状况告诉我们任何信息。大而沉重的家具可能被移动到房间的另一头，并远离开始移动的地点。就算退一步假设真能开展实验证实该假说，事实也是：某次特定平倒塌，尽管非常致命，也仅代表了钢筋混凝土建筑最罕见的倒塌方式。房屋倒塌的主要方式至少还有四种。而在 Kocaeli 地震中，平倒塌的建筑数量不到总数的 3%。因而，关于其他建筑、也就是另外 97% 损毁的建筑，以及许多未遭损毁建筑中的人员遭遇，这些结果所能告诉我们的微乎其微。要想提出问题以告知每个人在晃动开始时该做些什么，可要比库普眼前的证据复杂得多。

(2)“如果我能救出一条人命”中的谬误

搜救人员迫切想要挽救生命。但事实如下：全世界搜救人员的经验是挖出 98 具死尸和 2 名活人。有人喜欢将自己救出的一条人命编成轶事，用以告诫其他上百万名潜在的受害者。这些故事自有其市场，但将个案推广到上百万人身上是不科学的。在一台冰箱边发现一个或十个活人都不能说明什么，除非你在震后观察100或1000台冰箱，看看地震时在它们近旁的人会有什么样的遭遇。当你建议人们在地震期间该如何行动时，你的对象差不多是每一个感到震动的人。

我们很希望能在当初指导Kocaeli地震中丧生的2万人，那样至少能挽救几条生命。但是别忘了，为了救出他们中的任何人，我们当初就必须指导所有感到震动、并能够采取行动的150万人。假设我们的指导能让一千人在平倒塌的建筑中幸免（可能性很小），却同时让人员总数中同样感到震动的0.00007%（疑有误）处于死亡或重伤的危险之中，那我们可就是功不抵过了。换句话说，库普认为能在某栋特定倒塌的建筑中使人生还的行为，却可能使他们在其他倒塌或未倒塌的建筑中处于危险的境地。

在土耳其的出版物中，有的图片显示人们在地震中蹲在冰箱和厨房长桌边，而非附近的餐桌下方。当我向加州人展示这些图片时，他们惊恐得张大了嘴。显然，冰箱可能滑动翻倒、其中的内容可能倾泻而出、炉子上正加热食物、长桌上还放着厨具、头顶的柜子里也塞满了东西，这些全都可能危及图中的人们。他们显然应该待在餐桌下方，或躲到厨房外面。然而，“我在这里发现了一个活人”之类的轶事就会让人干出这样的蠢事。下回土耳其再地震，有人就会因此丧命。

说到这里，我和大多数科学界的同事老不情愿地承认：如果人们是居住在自建的土砖结构房屋中，如果屋顶沉重，房屋没有抗震设计，如果身处底楼、能够迅速跑到户外的安全空地，那么晃动一开始，他们就该往外跑。否则，他们就还是应该蹲下、掩避、等待。当屋顶采用轻质材料时，土砖坍塌中的生存几率就更大了。但在现实中，为防止在地震中丧生的工作在震前很早就开始进行了。我们需要进行许多精心设计的研究，才能了解是否真的存在某种行为，它在使人从建筑倒塌中幸免之外，还能确保受害者的数量不会多于受益者！至于其他援助行动："第一点，不要害人。"

（3）库普的惊人错误

库普所宣称的许多经验都没有经过研究，比如"所有在建筑倒塌时'蹲下、掩蔽'的人，都被压死了——每回如此，毫无例外"；"每一个在建筑倒塌时身处门口的人都丧命了。"这些话最多算是有待检验的偏激陈述。最好能让搜救人员和社会科学研究者一同来审视这些假说。

库普还说："尽量靠近建筑物的外墙或离开建筑物……你越靠近建筑物的中心，你的逃生路径被阻挡的可能性就越大。"并没有证据支持这一点。有个相反的假说认为：瓦片会向外坠落，你也会，在装了填充瓦墙面的混凝土建筑中尤其如此。这同样是一个不错的研究课题，但它目前只是个未经检验的假说而已。

请明白一点：即便是最好的科学方法也未必带来理想的、或甚至是有益的结果。但我们还是应该用科学的方法来审视我们的直觉。有很多重要的问题我们还未着手回答，但像那样绝对的说法根本就是垃圾而已，完全无法取代科学方法。

（4）库普说对了一半的地方

库普建议以"胎儿姿势"蜷缩身体，以此"在狭小空间中生存"。减少体积的想法倒是没错。压低身体能够防止跌倒受伤，蜷缩作为坠落物打击目标的身体还意味着可能被砸到的部位更少。但我们在土耳其的一个地震模拟震动台上做过尝试，"蜷缩成球状"的胎儿姿势很容易让我们滚来滚去。我们觉得这样并不算真正安全。比较让人感到安全的姿势是在膝盖和小腿着地的前提下尽量压低身体，这样我们就能对自己的动作稍微有点控制，同时又能爬行到更加安全的位置上去了。

库普建议"在一个沙发边，或一个受到挤压时略微变形、却在一旁留下空间的大件边伏低。"对 Kocaeli 地震的研究表明，这条建议或许是正确的。许多 Kocaeli 地震的幸存者都会同意，在那场地震中，这样的做法不仅可行，而且安全。这是个不错的假说，应该进一步予以审视。

库普说："木质建筑是地震中最为安全的建筑型式。"他说得没错……然而一旦发生震后火灾，它们就成了最糟糕的建筑型式。因此，尽管居住在木头房屋中的人们能稍微放宽心，他们还是得准备在火焰尚小时用灭火器和毛毯将其扑灭。

库普说："如果在晚上发生地震，而你正在床上，那么翻身滚下床就行了。"事实上，无论是在加州还是在土耳其的地震中，那些待在床上的人才是最安全的。如果建筑倾斜、床位移动……床脚下可能不是最好的躲藏地点吧。

库普说他"爬进放了许多纸张的报社或办公室，发现纸张不会压紧。"他在几摞纸张周围发现了大片空间。这对于杂货店而言是个好消息，但只有当货架固定在地板或天花板上时才是如此。坦率地说，如果你住在一栋你觉得可能倒塌的建筑里，那么凭良心讲，唯一正确的建议就是让你另找一个地方居住，而不是靠在每间屋子里放一叠纸张或一架书籍来挽救你的性命。至少三份土耳其出版物上刊登了人们蹲在起居室中间的一大架纸制品旁边的照片，你或许会觉得这看起来挺可悲。面对现实吧：我们的任务是适应地震。这类建议使得对公众的教育和对地震的准备难上加难。

库普说的"千万不要走楼梯"是个合理的建议。

(5) 那么，你该怎么做呢？

想一下你的居住和工作环境中可能出现的情况。哪几个地点看上去比较安全？

1）固定好高而重的家具以及视听设备，将重物搬到低处，以此让你的环境变得更安全。

2）鞋子和手电放在床边。

3）晃动时，伏倒在地。掩护好头部和颈部。抓牢掩护物或某个稳定物体。

为什么我们要不断地说这几点？我们有什么证据吗？几个国家

对伤亡原因的研究揭示了几种重要模式：

1）死亡几乎总是同头部、颈部、和胸部受伤联系在一起。

2）许多伤害是由跌倒造成的。如果你压低身体或支撑住身体，就能预防跌倒。

3）很大一部分夜间伤都是腿脚受伤，即使在轻度损毁的地方也是如此，原因有多种，例如：相框掉在地板上，受灾者没有穿鞋，周围没有光照，父母和子女想在黑暗中找到对方……

4）至少一半伤害是非结构性物体造成的。许多这样的伤害性质严重，而对有限医疗资源的迫切需求使之雪上加霜。在有限医疗资源被用来挽救生命时，再造成不必要的伤害就显得丢人了。

5）你暴露在坠落物体下方的目标面积越小，你被什么东西砸中的几率就越小。

(6) 既然你正在思考这些问题……

城市减震工作要求我们所有人都参与三项主要活动：评估和规划、降低身体威胁及培养应对能力。

1）评估和规划

①和家人坐在一起，共同讨论可能出现的情况。

②决定社区内外的集合地点。

③找到一个“震区外联络人”，在受灾后与之迅速联络，并获得安慰。

④指定他人在紧急状况下将你的孩子从学校接走，同他们制定一个会合方案。

2）保护你的身体

①如不能确定你的家、单位或学校的建筑结构是否牢固，那就委托一位合格的结构工程师（原译为建筑师）进行评估。

②房屋能够翻修就进行翻修，不能翻修就搬走或者推倒。

③固定沉重的大件家具。

④保证热水器的安全。

⑤在每层楼放置一个灭火器，并定期进行检修。

3）培养应对能力

①准备一周的水、食物和出访处方药。

②准备一个急救箱。

③检查你车上和门边的“冲锋包”。

灾难准备不可能在一夜间完成。它包括一系列在家庭、单位、学校、社区和区域中完成的小步骤。它的完成依靠的是个人、家庭、组织、机构、和政府的行动。

距离1906年旧金山地震100周年的日子已经不远。现在正是给自己承诺，并踏出一小步的时候。

附录 3

日本关东大地震 [81]

震后歪斜的房屋

日本的关东地区东跨日本本州岛中东部，总面积 3 万平方公里，日本重要的工业区——京滨工业区就在关东地区。

1923 年 9 月 1 日，星期六，横滨——东京地区人来人往，热闹非凡。商人和上班族还在办公楼里忙碌，家庭主妇们则开始烧火煮饭。因为是星期六，车站上排满了准备外出度假的人们。

11 点 58 分，关东平原地区突然发出了一阵阵“嘎嘎”的声响，大地上下抖动起来，接着便是一阵紧一阵的摇晃。一向宁静沉稳的大地此时却躁动不安：左右摇摆，上下抖动、起伏，人们仿佛置身于峰谷浪尖的海面上一叶小舟中，无法站立，无法走动，只能听命于那失去往日平稳的大地的摆布。人们被颤抖的大地抛向空中，非死即伤。没有死伤的人们试图逃出摇摇欲坠的房屋，可是双脚不听使唤。那一排排、一栋栋扎根大地的各种房屋也经受不住大地剧烈抖动的“考验”，摇晃、瓦落、墙倒、屋塌。能经受如此严峻“考验”的房屋寥寥无几。因此，那些勉强挣扎逃出房屋的人也没有摆脱厄运，或被倒塌的房屋砸死、砸伤，或被埋在废墟中。一些人则被突如其来的大地震惊骇得麻木了，眼睁睁地看到倒塌的楼房向自己扑来，坐以待毙。

地震发生的隆隆声、受伤者的呻吟声、没有受伤的人的呼喊声响成一片，令人毛骨悚然。大多数人在地震造成的大地颠簸中无所适从，被活活埋在倒塌的房屋里。许多人尚未来得及弄清楚发生了什么事情，便一命归西了。

这场突如其来的大地震震级达到了里氏8.3级。其袭击范围之广，受害面积之大，死亡人数之多，实为日本历史上所罕见。那些压在倒塌房屋里的人们无力自拔，那些侥幸活着的人也无力前去拯救。一个人即使没有被地震夺去生命，但也只能眼见自己的亲人在瓦砾堆下垂死挣扎，直至死神降临。倒塌房屋废墟下没有受伤或只受了点儿轻伤的人也没有人前往救助，几天之后，也因饥渴交并，气绝身亡。

关东大地震中，除房屋倒塌造成了重大的人员伤亡外，大地也张开了血盆大口——地震造成的大裂缝，直接吞噬着人类的血肉之躯。有些人侥幸逃出了即将倒塌的房屋，却又掉到大地的裂缝中，被冒出的地下水活活淹死；没有被淹死的想从裂缝中爬上来，可是那“血盆大口”——裂缝又忽然合闭上，许多人被活活挤死。汽车掉进地裂后，地裂合并时，汽车连同车上的人被无比强大的压力挤成了铁饼、肉饼，地裂中不时传来撕肝裂胆的嚎叫声。有的地裂中喷出了水柱，直射地面，挤死在地裂中的人的尸体被强大水流喷到地面。一些压在瓦砾堆中的人，被地下冒出的水淹死。地裂将房屋撕成两半，把屋里的人统统吞到地裂里。

地震造成的剧烈的地壳运动使山崩地裂，多处出现大塌方。一座大森林以每小时九十多公里的速度从田沪山上滑下山谷，碾过一条铁路，带着一大堆人体的碎片注入了相漠湾，方圆几公里的海水被染成了红色。在根川火车站，一列载有200名乘客的火车在行进途中与一堵地震造成的泥水墙相撞。180多米宽、15多米深的巨大塌方把这列火车连同车上的乘客、货物统统带进了相漠湾，顿时无影无踪，车上乘客的命运不言而喻。一些村庄竟被埋在了30多米深的地震造成的泥石流、塌方中，永远消失在地球上。

东京地区的高楼在地震中悉数毁掉。东京等地有许多古建筑和现代建筑的精品之作在地震中化为一堆废墟，全国约有 1 / 20 的财产在地震中被大自然毁坏。

地震、地裂、泥石流、大塌方，一个接一个倒塌的楼房，使活着的人惊恐万状，拼命乱跑。人们在求生的欲望驱使下，盲目逃命，相互推撞，被踩死、踩伤的人不计其数，惨相环生，目不忍睹。但比地震这种惨相更糟糕、更可怕的事情发生了。大地震破坏了关东地区的煤气管道，四处燃起大火。然而，大自然似乎疯狂了，对地震、火灾似乎仍不“满足”，又因地震引发了海啸，滔天的海水向灾难深重的日本关东地区袭来。地震、火灾、海啸，水火交加，把关东地区变成了人间地狱。

大地震发生时，恰值中午，东京等地的市民忙着做午饭，许多人家炉火正旺。大地震袭来，炉倒灶翻，火焰四溅，火星乱飞。位于关东地区的东京、横滨两大城市不仅人口稠密，而且房屋多为木结构，地震又将煤气管道破坏，煤气四溢，遇火即燃。居民的炉灶提供了火源，煤气、木结构房屋又是上好的“燃料”，几种因素的组合，使东京等地变成一片火海，爆炸声、火灾中人们的呼救声此起彼伏。地震后，火魔开始了在关东地区的肆虐。无独有偶，1906 年旧金山地震后也发生了大火灾，但其悲惨程度远不及日本关东地区。

火灾发生后，本来火势就难以控制，可是地震带来的冲击波又在这一地区激起了巨大的狂风，失火地区马上变成了一片火海，风助火势越烧越烈。不仅如此，狂风还把火种向四面传播。火种传播到哪里，哪里便燃起冲天大火。工厂在燃烧，学校在燃烧，居民住宅在燃烧……统统都在燃烧。整个东京被烈火吞没，仿佛天在燃烧，地也在燃烧。烈火蔓延之快，超出了人们的想象。在烈火蔓延过程中，凡遇易燃、易爆物品，不是发生大爆炸，就是火焰冲天。由于大部分地区的房屋已在大火前被地震差不多夷平，所以大火可以畅行无阻。东京等地的消防队倾巢出动，准备同火魔搏斗，但由于地下自来水管道遭到破坏，根本找不到水源。消防队员自然无法赤手空拳同大火搏斗，更加之倒塌的房屋已将各条街道堵塞，消防车根本无法通行。消防车进入火场后也寸步难行。面对大火和面对地震一样，人们差不多束手无策，任其肆虐。

最为悲惨的是那些被压在废墟中的幸存者，如果没有大火，这些人还有获救的可能。大火燃起后，许多废墟、瓦砾中的幸存者被大火活活烧死。一些逃脱地震灾难的人被大火包围。滚滚浓烟将他们熏倒，烈火将他们烧死。空气中到处弥漫着被烧焦的人肉的刺鼻臭味。关东大地震时间并不长，可是地震后的大火却一连烧了三天三夜，直烧得天昏地暗，直到将火场内所有的东西都化为灰烬为止。好不容易逃脱地震的人们，在惊恐万状中又要躲避可怕的火魔。慌乱的人群离开居民区，离开火场，拥向室外的空旷地带。街道、广场、公园、海滩、学校的操场等地，都成为人们逃避大火的避难场所。一时间，许多空旷地带里挤满了人。

一家军用被服厂拥有一个与体育场相仿的空地，里面挤满了几万名避难者。这里的四周还未起火，暂时还算是安全地带。挤到这里的人群还未来得及庆幸逃脱虎口，大火便从四面八方向这里迅速扑来，大火以最快的速度包围了被服厂，包围圈越来越小。困在包围圈中的灾民乱成一团，像无头的苍蝇四处乱撞，即使不被大火烧死，也被踩死了。所有的出口都被烈火封死，人们已无路可走。大火开始吞噬每一个人的生命。浓烟将这里完全笼罩，很多人缺氧窒息而死。在这里避难的 32000 人无一幸免，现场惨不忍睹。

东京全城在这场灾难里丧生的人中，80%死于震后大火，幸存者多数被烧伤。在横滨一个公园区里，为逃避大火，几百人跳入水池中。人坐在水里，只有头露出水面，企图以这种方式逃避火魔。但大火袭来后，火星在他们头上乱飞，头发多被烧着。横滨公园里想逃脱大火的 24000 多人被烈火团团围住，活活烧死。连公园里的湖水也被大火烤灼得热气腾腾，跳进湖里的人被湖中热水烫死。大火把日本关东地区变成了人间地狱，到处充满杀机。

令人不可思议的是，连海滩上的人们也无法保全性命。几千灾民逃到了海滩，纷纷跳进大海，抓住了一些漂浮物和船的边缘。水火本不相容，跳到海水里躲避烈火似乎理所当然。可是，这时却完全变成了另外一回事。几小时后，海滩附近油库发生爆炸，10 万多吨石油注入横滨湾。大火引燃了水面的石油，横滨湾变成了名副其实的火海。在海水中避难的 3000 多人被大火烧死。水中尚不能躲避火魔，那么在整个关东地区几乎无处藏身了。在横滨市，大火烧毁房屋 6 万多栋，约占全市房屋总数的 60%。

横滨市

因此次地震震中在相漠湾海底，又造成了大规模的海啸。由于强烈的地震，使海底地壳发生大规模运动，大岛附近海底最大垂直移动达 400 米，向北移动了 4 米。馆山附近海底隆起，向东南方向移动了 3 米。如此剧烈的海底地壳运动，致使海水涌起滔天巨浪，猛烈冲击着海岸。地震、火灾之后，大规模的海啸又发生了。

为逃避地震和火灾，侥幸逃生的人群开始寻找一个建筑物倒塌后压不着、大火又烧不到的地方暂时栖身。能满足这两种要求的地方只有海滩、港口和码头。于是，恐惧的人们纷纷涌向东京、横滨等地的海滩、码头、港口。但地震造成的海啸，掀起滔天巨浪，恶魔般疯狂地扑向相漠湾沿岸的港口、码头、海滩——那些灾民们以为是安全的栖身场所。大海一下子失去了文人笔下的温柔和浪漫，变得狰狞可怕。避难的灾民看到十几米高的横空巨浪铺天盖地地涌来时，又慌忙向内陆奔命，践踏致死者甚众。其实，想从海啸的虎口逃生也难于上青天，因为巨浪是以每小时 750 公里的速度扑向海岸的，所以岸上的人瞬间即被大浪吞没，或被卷到了海洋深处，或被大浪抛向半空，有的则被巨浪抛向陆地。那些停泊在各港口、码头的各种船只不是被凶猛的大浪击碎、击沉，就是在海啸冲击下相互撞沉。海啸退却后，又将这些碎船全部卷走。横滨港曾停泊着一艘较大的渔船，巨大的海浪将其击成碎片，船上的人无一幸存。

东京、横滨两地的港口、码头设施、地震中毁坏的房屋也被海啸中的巨浪洗劫一空。狂暴的大海平静后，东京等地的海滩变成大垃圾场，到处都是木制房屋的屋顶、床板、门窗、船的碎片和人的尸体。海面上也漂浮着类似的东西。但这些残留物只不过是大海狂暴发怒后所剩下的、来不及和潮水一同退去的一小部分，绝大多数被大海吞没，早已无影无踪。这次地震造成的大海啸共击沉各类船只八千多艘，东京、横滨、横须贺、千叶等地的大小港口、码头统统瘫痪。这些地方经历了一场真正的浩劫。

附表1——房屋震害表

编号	场地条件	房屋结构	破坏形式	破坏图片	备注

注：1. 图片可编号后，直接采用附件形式提交；

2. 如无特殊要求，本资料可公开发表，免费使用。

附表2——地震自救表

编号	所处环境	人员分布	逃生措施	逃生效果	备注

注：1. 图片可编号后，直接采用附件形式提交；

2. 如无特殊要求，本资料可公开发表，免费使用。

附表3——地震救援表

编号	压埋人员所处环境	房屋结构	救援措施	救援效果	备注

注：1. 图片可编号后，直接采用附件形式提交；

2. 如无特殊要求，本资料可公开发表，免费使用。

参考文献

[1] 陈颙，史培军 . 自然灾害 [M]. 北京：北京师范大学出版社，2007。

[2] 封定国等．工程结构抗震［M］. 北京：地震出版社，1994.

[3] 周云等．土木工程抗震设计［M］. 北京：科学出版社，2005.

[4] 中国地震灾害防御中心．地震的产生和类型［EB/OL］. http：//www.dizhen.ac.cn/uw/gateway.exe/dizhen/arcanum/aomi.html?key=@1504|11|1.

[5] 胡聿贤．地震工程学［M］. 北京：地震出版社，2006.

[6] 中国地震灾害防御中心．中国是个多地震的国家［EB/OL］. http：//www.dizhen.ac.cn/uw/gateway.exe/dizhen/arcanum/aomi.html?key=@1503|19|1

[7] 龙小霞等．基于可公度方法的川滇地区地震趋势研究［J］. 灾害学．2006，21（3）.

[8] 陈祖煜．土质边坡稳定分析 - 原理 . 方法 . 程序［M］. 北京：中国水利出版社，2003.

[9] 张晓东，蒋海昆，黎明晓．地震预测与预警探讨［J］. 中国地震．2008，24（1），67 ~ 76.

[10] 秦四清，徐锡伟，胡平等 . 孕震断层的多锁固段脆性破裂机制与地震预测新方法的探索［J］. 地球物理学报 .2010，53（4）：1001-1014.

[11] 李卫平、赵卫国．2007 年世界灾害地震综述［N］. 国际地震动态．2008，2：36 ~ 40.

[12] 陈颙，李丽．地震科学的几个发展趋势 [J]. 国际地震动态． 2003，01.

[13] 喜马拉雅山脉何时升起 [N]. 人民日报，1990-8-9.

[14] 中国网．英专家称汶川地震缘起喜马拉雅造山运动 [EB/OL]. 中国网 ,2008-05-15. http：//www.china.com.cn/international/txt/2008-05/15/content_15253220.htm.

[15] 张雷．汶川地震中的地裂缝［EB/OL］. 搜狐网 [2008-5-18]. http：//news.sohu.com/20080518/n256930634.shtml.

[16] 陈燮．新华社记者徒步进入北川县城拍摄震后现状 [组图] ［EB/OL］. 新华网 [2008-5-13]. http：//news.xinhuanet.com/photo/2008-05/13/content_8162718.htm.

[17] 陈燮，曾玉燕．地震后的北川县城的建筑物因地震垮塌［EB/OL］. 搜狐网

[2008-5-13].http：//news.sohu.com/20080513/n256823813.shtml.

[18] 中国地质环境信息网．国土资源部抗震救灾一线图片展 [EB/OL]．[2008-05-23].http：//www.cigem.gov.cn/readnews.asp?newsid=14852.

[19] 张宏伟．抢修生命线（图）[EB/OL]．华商网 [2008-5-21]．http：//hsb.hsw.cn/2008-05/21/content_6969829.htm.

[20] Basin Research Group of Department of Earth Sciences，National Central University．Shihkang Dam and Beifeng Bridge：Sites of great damage caused by the 1999 Chichi Earthquake [EB/OL]．http：//basin.earth.ncu.edu.tw/Virtual%20Field%20Trip/WF/Shihgang%20Township-Shihkang%20Dam%20and%20Beifeng%20Bridge.html.

[21] 谢家平．地震造成青川山体大面积滑坡 [EB/OL]．http：//news.xinhuanet.com/photo/2008-05/14/content_8171446.htm.

[22] 谢家平．青川山体滑坡 [EB/OL]．搜狐网 [2008-5-14]．http：//news.sohu.com/20080514/n256858586.shtml.

[23] 贾国荣．汶川大地震泥石流掩埋村庄(图中新社发)[EB/OL]．[2008-05-20].http：//www.chinanews.com/tp/shfq/news/2008/05-20/1256003.shtml.

[24] 田蹊．17 日泥石流袭击遭受地震灾害的甘肃文县县城（组图）[EB/OL]．[2008-05-18].http：//www.china.com.cn/photo/txt/2008-05/18/content_15304788_11.htm.

[25] 新华网．图文：日本北海道地震 - 炼油厂发生火灾 [EB/OL]．[2003-09-26] http：//news.sohu.com/39/28/news213702839.shtml.

[26] 马东辉等．城市抗震防灾规划标准实施指南 [M]．北京：中国建筑工业出版社，2007．

[27] 邹声文．环保部门成功处置地震导致的多起污染事故．新华网 [2008-05-14]．http：//news.xinhuanet.com/newscenter/2008-05/14/content_8171147.htm.

[28] 王建民等．北川村落被堰塞湖淹没．新华社 [2008-05-26]．http：//news.sina.com.cn/c/p/2008-05-26/005115615771.shtml.

[29] 中国地质环境信息网．国土资源部抗震救灾一线图片展 [EB/OL]．中国地质环境信息网 [2008-05-23]． http：//www.cigem.gov.cn/readnews.asp?newsid=14852.

[30] 李刚．唐家山堰塞湖抢险进入攻坚阶段 [组图] [EB/OL]．新华网 [2008-6-9].http：//news.xinhuanet.com/photo/2008-06/09/content_8329427.htm.

[31] 地震安全手册（一）——地震安全逃生手册，地震出版社，中国地震局官方网站 http：//www.cea.gov.cn/manage/html/8a8587881632fa5c0116674a0

18300cf/_content/08_06/17/1213687936842.html.
[32] 陆新征，叶列平，廖志伟等．建筑抗震弹塑性分析--原理、模型与在ABAQUS，MSC和SAP2000上的实践[M]. 北京：中国建筑工业出版社，2009.
[33] 徐正忠，王亚勇等．GB50011-2001建筑抗震设计规范[S]. 北京：中国建筑工业出版社，2008.
[34] 姚攀峰．砌体结构抗高烈度地震的探讨[J]. 建筑结构，2009,4(39):653-655.
[35] 姚攀峰，石路也，陈之晞等．砌体-钢筋混凝土核心筒结构抗震性能的探讨[J]. 建筑结构学报，2010，31.（增刊2）：12-17.
[36] 姚攀峰．房屋结构抗巨震烈度地震的探讨及其在砌体结构中的应用（会议报告稿）[C]. 上海：第二届全国建筑结构技术交流，2009.
[37] 姚攀峰．房屋结构抗巨震的探讨及应用（会议报告稿）[C]. 北京：第一届建筑结构抗倒塌学术研讨会，2010.
[38] 王亚勇．汶川地震建筑震害启示——抗震概念设计[J]. 建筑结构学报，2008. 29（4）：20-25.
[39] 叶列平，陆新征，赵世春等．框架结构抗地震倒塌能力的研究——汶川地震极震区几个框架结构震害案例的分析[J]. 建筑结构学报，2009，30（6）：67-76.
[40] 陆新征，叶列平．基于IDA分析的结构抗地震倒塌能力研究[J]. 工程抗震与加固改造，2010. 32（1）：13-18.
[41] 李宏男等．汶川地震震害调查与启示[J]. 建筑结构学报，2008. 29（4）：10-19.
[42] 地震安全手册（一）——地震安全逃生手册，地震出版社，中国地震局官方网站http：//www.cea.gov.cn/manage/html/8a8587881632fa5c0116674a018300cf/_content/08_06/17/1213687936842.html.
[43] 海城地震［EB/OL］. http：//baike.baidu.com/view/33629.htm.
[44] 徐超．海城地震预报迷雾［EB/OL］. http：//www.caijing.com.cn/2008-06-13/100069548.html.
[45] 侯建盛，李民．地震应急管理进展［J］. 国际地震动态. 2008，1.
[46] 张晓东等．地震预测与预警探讨［J］. 中国地震. 2008，24（01）.
[47] 罗灼礼等．地震前兆的复杂性及地震预报、预警、预防综合决策问题的讨论———浅释唐山、海城、松潘、丽江等大地震的经验教训［J］. 地震. 2008，28（01）.
[48] 李洋．日本气象厅将于下月全面启用地震早期预警系统［EB/OL］. 2007-

09-29 http：//www.chinanews.com.cn/gj/sjkj/news/2007/09-29/1039971.shtml.

[49] 东日本大地震 [EB/OL]. 百度百科 .http：//baike.baidu.com/view/5348683.htm.

[50] 张章. 1969 康熙皇帝住进防震棚 [EB/OL]. 新华每日电讯，2008-06-04. http：//www.mingrenzhuanji.cn/Html/gushi/1015824_2.html.

[51] 刘洁秋，黄兴伟 . 新西兰南岛克赖斯特彻奇市因强震进入紧急状态 [EB/OL]. http：//news.sina.com.cn/w/2010-09-04/065621036947.shtml.

[52] 钟灵中学举行“创建平安校园暨防灾减灾应急演练”活动 [EB/OL]. http：//www.cqxszl.cn/NewsShow.asp?id=136207.

[53] 文化小学举行“5・12”防灾减灾地震逃生演练活动 [EB/OL]. http：//www.lyjy.net/news/jyxw/200905/14379.html.

[54] 张五常 . 地震是怎样的一回事 [EB/OL]. [2001.4.5]. http：//blog.sina.com.cn/s/blog_47841af70100041b.html

[55] 叶列平，曲哲，陆新征等 . 建筑结构的抗倒塌能力——汶川地震建筑震害的教训 [J]. 建筑结构学报，2008，29（4）：42-50.

[56] 乐倩 . 都市避险攻略之地震来临该如何避震 [EB/OL]. [2006-7-4]. http：//bjyouth.ynet.com/article.jsp?oid=10627318.

[57] 顾建文 . 我大姨成功逃生的故事 [EB/OL]. [2008-5-19].http：//naowaike.blog.sohu.com/87766451.html.

[58] 现代· 森林花园户型图，http：//www.xd318.com/Project_ForestGarden.html.

[59] 黄世敏 . 建筑物典型震害及抗震规范修编（PPT）. 中国建筑科学研究院 .

[60] 张徽正 . 金巴黎大楼 . 九二一地震地质调查报告 [R]，http：//222.222.119.11：8080/smsd/eqk/showeqkzhtj.jsp?eqk=JJ99BGF001&type=bga6

[61] 百度贴吧. 汶川地震，我经历的第一次特大地震 [EB/OL]. http：//tieba.baidu.com/f?kz=378957213.

[62] 人民网. 震害图片：几种典型建筑结构的损坏情况 框架结构 [EB/OL]. 人民网 [2008-05-29].http：//scitech.people.com.cn/GB/7317891.html.

[63] 图片：台湾集集地震经验 教学楼建筑 [EB/OL]. http：//scitech.people.com.cn/GB/7317910.html.

[64] 冯远 . 汶川地震标志性震害照片评选 [J]. 地震工程与工程振动，29 卷，187-188.

[65] 新华网. 新华视点：汶川大地震获救者回首惊魂那一刻 [EB/OL]. [2008-05-18]. http：//news.xinhuanet.com/newscenter/2008-05/18/content_8198390.htm

[66] 印尼苏门答腊岛 7.9 级地震已造成 75 人死亡 [EB/OL]. http：//news.iqilu.com/guoji/20091001/97161.html.

[67] 日本大地震见闻：超市被抢购一空［EB/OL］. http：//www.lanzhou.cn/news/gjnews/2011/313/085534_2.html.

[68] 强震携海啸袭击日本 破坏力超过 20 个汶川地震（组图）［EB/OL］. http：//www.weather.com.cn/news/1283582.shtml.

[69] 轻轻淡淡，二十年来全球重大踩踏事件［EB/OL］. http：//hi.baidu.com/mahx678/blog/item/683d2cf4ac91a5c9f2d385e3.html.

[70] 王晓河 . 大地震发生时，我在日本……［EB/OL］. http：//qnck.cyol.com/content/2011-03/18/content_4260545.htm.

[71] 丽江县电力调度中心大楼 . 1996 年 2 月 3 日云南丽江 7.0 级地震现场考察［EB/OL］. http：//222.222.119.11：8080/smsd/eqk/showeqkzhtj.jsp?eqk=LJ96BGF001&type=bga6.

[72] 神户中央区一建筑 .The Hyogo-Ken Nanbu Earthquake，Preliminary Reconnaissance Report，Earthquake engineering Research Institute，1995［EB/OL］. http：//222.222.119.11：8080/smsd/eqk/showeqkzhtj.jsp?eqk=HS95BGF014&type=bga6.

[73] 美联社在日本东京的公办地点，工作人员在桌下避难［EB/OL］. http：//picture.news.21cn.com/file/100，2928990，36017966，0，20，1.shtml.

[74] 叶萌 . 在日乐清籍留学生亲历地震叶萌 [N] 乐清日报 http：//wz.people.com.cn/GB/140256/146253/14135919.html.

[75] 曾炜 . 日本大地震逃生日记［EB/OL］. http：//www.beiwoo.cn/zhongshengxiang/tianchaoneiwai/2011/0402/4608.html.

[76] 曲哲 . 亲历日本 M9.0 级地震 - 对关心我们的所有人顺报平安［EB/OL］. http：//zhedesign.blog.sohu.com/168620009.html.

[77] 叶云翔亲身经历 2001 西雅图大地震［EB/OL］. http：//cbbs.chinaren.com/bbs/detail_msg.jsp?mainmsgid=38260071&boardid=11.

[78] 李佳鹏，尹乃潇，于菲 . 揭秘汶川地震中屹立不倒的九州体育馆 [N]. 经济参考报 [2008-6-6].09：44 http：//www.funlon.com/p/01031/551.html.

[79] 日本艺人公布亲历地震见闻［EB/OL］. http：//www.js.xinhuanet.com/xin_wen_zhong_xin/2011-03/17/content_22310910.htm.

[80] 意大利地震 / 罗马大型古迹卡拉卡拉浴场震毁［EB/OL］. http：//www.stnn.cc/society_focus/200904/t20090407_1009400.html.

[81] 关东大地震，百度百科，http：//baike.baidu.com/view/66199.htm.

[82] binghao. 电梯中经历日本地震的美国第一人［EB/OL］. http：//www.xindianti.com/html/dizhenzhuanlan/hexielouweiji/2011/0329/40624.html.

[83] 董柳 . 苦等两小时终获救［EB/OL］. http：//www.ycwb.com/epaper/ycwb/

html/2011-03/12/content_1060453.htm.

[84] 自动扶梯的定义与简介 http：//www.szdtw.net/cs/cs2.htm.

[85] 刘金平 .“我在东京亲历大地震”[EB/OL]. 绍兴网 - 绍兴日报 http：//www.shaoxing.com.cn/news/content/2011-03/17/content_580546.htm.

[86] 百度百科 .2012 [EB/OL]. http：//baike.baidu.com/view/728475.htm.

[87] 于振华. 幸存老人讲述地震经历：大地先摇晃后升降 [EB/OL]. 2008-5-20 http：//news.sina.com.cn/s/2008-05-20/122015579218.shtml .

[88] 王亚勇 .“5 · 12”汶川地震建筑震害与规范修订报告 .

[89] 杜洋. 四川都江堰“鱼嘴”分水堤震后出现裂缝 [组图] [EB/OL]. 中国新闻网
2008-06-06 http：//news.xinhuanet.com/photo/2008-06/06/content_8320143.htm

[90] 刘东泊，王安玲 . 基于汶川地震房屋建筑破坏特征的几点启示 .

[91] 吴琪，李翊，蔡小川.“孤城”映秀的 72 小时 [J]. 三联生活周刊. 2008 年第 18 期抗震救灾专刊 .

[92] 徐珂，王昌兴 . 四川省南江县校舍抗震鉴定总结 [J]. 建筑结构，2009，11（39）：62-71.

[93] 徐友邻，巩耀娜 . 汶川地震中教学楼倒塌调查分析 [J]. 建筑结构学报，2001，32（5）：9-16

[94] 南香红等. 映秀小学 44 岁校长震后须发皆白 [EB/OL]. 南方都市报，[2008-6-02]. http：//blog.sina.com.cn/s/blog_5167e3a401009mko.html.

[95] 滚石飞落尘满天 实拍映秀特大山体滑坡 [EB/OL]. http：//video.sina.com.cn/v/b/14367665-1331433183.html.

[96] 谢家平. 地震造成青川山体大面积滑坡 [EB/OL]. http：//news.xinhuanet.com/photo/2008-05/14/content_8171446.htm .

[97] 谢家平. 青川山体滑坡 [EB/OL]. 搜狐网 [2008-5-14]. http：//news.sohu.com/20080514/n256858586.shtml.

[98] 贾国荣. 汶川大地震泥石流掩埋村庄(图中新社发)[EB/OL]. [2008-05-20]. http：//www.chinanews.com/tp/shfq/news/2008/05-20/1256003.shtml.

[99] 田蹊. 17 日泥石流袭击遭受地震灾害的甘肃文县县城（组图）[EB/OL]. [2008-05-18]. http：//www.china.com.cn/photo/txt/2008-05/18/content_15304788_11.htm.

[100] 王建民等. 北川村落被堰塞湖淹没. 新华社 [2008-05-26] . http：//news.sina.com.cn/c/p/2008-05-26/005115615771.shtml.

[101] 中国地质环境信息网. 国土资源部抗震救灾一线图片展 [EB/OL]. 中

国地质环境信息网 [2008-05-23]. http://www.cigem.gov.cn/readnews.asp?newsid=14852.

[102] 王建民. 卫星照片显示唐家山堰塞湖地震后的形成过程 [EB/OL]. 新华网/搜狐 [2008-05-27].http://news.xinhuanet.com/photo/2008-05/27/content_8260230.htm.

[103] 李丹丹，王鼎三. 整理亲历汶川大地震 [EB/OL]. http://bbs.dahe.cn/bbs/thread-919156-1-1.html.

[104] 走出青城后山——"5·12"汶川大地震青城后山历险记 [EB/OL]. [2008-5-18]. 西南大学.

[105] 导演亲历地震忆述 72 小时逃生 [EB/OL]. http://ent.sg.com.cn/ent/rdzz/183535_2.shtml.

[106] 亲历者讲述逃生：海浪追到车后 猛踩油门逃生 [EB/OL]. http://news.qq.com/a/20110315/000152.htm.

[107] 幸存者，死里逃生—我在唐山大地震中的逃生经历 [EB/OL]. http://wfjxcz.blog.163.com/blog/static/7349222010072715818276/.

[108] 刘学章我经历了阪神大地震 [EB/OL]. http://www.eol.cn/guan_cha_2044/20060323/t20060323_115959.shtml.

[109] 监测中心 宣教中心. 日本准备修正关东大地震死亡人数 [EB/OL]. http://www.js-seism.gov.cn/inforDetail.jsp?articleId=895&categoryId=32.

[110] 孙绍玉. 火灾防范与火场逃生概论 [M]. 北京：人民公安出版社，2001.

[111] 中国环保网. 地震火灾产生的原因 [EB/OL]. [2008-5-22]. http://www.chinaenvironment.com/view/ViewNews.aspx?k=20080522133305163

[112] 丁补之.【闭绝之境－英雄与制度】虹口：寂寞 7 日 [EB/OL]. [2008-05-22]. http://www.infzm.com/content/12468.

[113] 十七大报告首次提出 2020 年人均 GDP 比 2000 年翻两番 [EB/OL]. 新华网 [2007-10-16]，http://news.xinhuanet.com/newscenter/2007-10/16/content_6887809.htm.

[114] 姚攀峰. 农村单层砌体房屋中的地震逃生方法 [J]. 国际地震动态，2009，3.

[115] 姚攀峰. 地震灾害对策 [M]. 北京：中国建筑工业出版社，2009.

[116] 中国建筑科学研究院.GB50011-2010 建筑抗震设计规范 [S]. 北京：中国建筑工业出版社，2010.

[117] Marla Petal. 我们需要基于证据的地震逃生建议 [EB/OL].http://songshuhui.net/archires/205